西部农村实用生产建设丛书

陈炳东　田茂琳　主编

家庭绿色食用菌生产技术

田茂琳　田久宏　著

中国建筑工业出版社

图书在版编目（CIP）数据

家庭绿色食用菌生产技术 / 田茂琳，田久宏著. — 北京：中国建筑工业出版社，2012. 3
(西部农村实用生产建设丛书)
ISBN 978-7-112-13888-3

Ⅰ.①家…　Ⅱ.①田…②田…　Ⅲ.①食用菌—蔬菜园艺　Ⅳ.①S646

中国版本图书馆CIP数据核字（2011）第271879号

本书对食用菌菌种及20种常见食用菌的生产技术进行了详细介绍，全书共分10章，内容涵盖了食用菌菌物学基础知识、菌种生产技术与配方、食用菌生产技术、食用菌产品加工和贮存等。

本书可为食用菌生产者及科技推广人员提供宝贵的参考资料，可以帮助食用菌生产者提高专业知识水平和生产技术水平，同时也可推动食用菌产业的科学发展。

责任编辑：石枫华　兰丽婷
责任设计：叶延春
责任校对：王誉欣　王雪竹

西部农村实用生产建设丛书
陈炳东　田茂琳　主编
家庭绿色食用菌生产技术
田茂琳　田久宏　著
*
中国建筑工业出版社出版、发行（北京西郊百万庄）
各地新华书店、建筑书店经销
北京京点设计公司制版
北京建筑工业印刷厂印刷
*
开本：880×1230毫米　1/32　印张：5⅛　字数：144千字
2012年5月第一版　2012年5月第一次印刷
定价：16.00元
ISBN 978-7-112-13888-3
(21915)

序

西部大开发总的战略目标是：经过几代人的艰苦奋斗，到21世纪中叶全国基本实现现代化时，从根本上改变西部地区相对落后的面貌，建成一个经济繁荣、社会进步、生活安定、民族团结、山川秀美、人民富裕的新西部。西部大开发要以基础设施建设为基础，以生态环境保护为根本，以经济结构调整、开发特色产业为关键，以依靠科技进步、培养人才为保障。从现在起到2030年，是加速发展阶段，要积极调整产业结构，着力培育特色产业，实施经济产业化、市场化、生态化和专业区域布局的全面升级，实现经济增长的跃进；要依靠科技进步，调整和优化农业结构，增加农民收入；要发展科技和教育，提高劳动者素质，加快科技成果的转化和推广应用。在此大前提和大背景下，编写出版《西部农村实用生产建设丛书》就显得十分必要和迫切。

这部《西部农村实用生产建设丛书》的编写出版，紧紧抓住了国家西部大开发的战略机遇，着眼于推进农业科技入户工程和新型农民培训工程等项目的实施。主题就是要以科学发展观为指导，突出农民在建设社会主义新农村中的主体地位，帮助农民掌握科学的生产方法和技术，培养和造就有文化、懂技术、会经营的社会主义新型农民，为社会主义新农村建设提供人才保障。丛书以全面落实科学发展观为目标，在传授科学生产知识，提高劳动者文化素质的同时，按照建设社会主义新农村的总体要求，倡导科学文明的现代生产生活方式，构建人与人、人与社会、人与自然的和谐相处，促进农村社会进步、生活安定、民族团结。

丛书把介绍农村种养业技术与培养农民科学思想、科学精神，提高农民健康文明生活方式相结合，弥补了同类图书的不足，能全方位地关注农村生态环境、农民安居乐业，为发展循环经济、丰富农民的精神生活、建设美好家园服务。

丛书的突出特色在于着眼西部，服务新农村建设，探究解决农业、农村、农民的生产生活条件问题，给力建设小康社会。对于西部来说，由于种种原因，农业基础比较落后，农村人才资源匮乏，特别是农民对新的生产建设技术还缺乏了解，影响了农民生产生活条件的改善和收入水平的提高，制约了新农村建设的整体推进。本书稿充分认识这一实际情况，具有很强的针对性和指导性，其内容是最新科技成果的浓缩，理论浅显易懂，观点富于科学精神，技术农民容易掌握，科技含量高，创新点多，可为广大农民提供十分有价值的实用参数资料。

丛书内容分家庭低碳蜜蜂饲养技术、低碳果蔬设施生产建造技术、家庭绿色食用菌生产技术、西部农村新民居建设、庭院生态园林建造技术、庭院文化卫生建设技术等，可为西部大开发和社会主义新农村建设提供强有力的科技支撑，是十分珍贵和难得的图书。

甘肃省科学技术协会党组书记、常务副主席

史振业

前言

为提高农民科学素质与生产技能，促进食用菌生产的科学发展，保障食品的安全性，从而使生产者获得更大的经济效益，笔者特总结多年生产实践经验，按照绿色食品的质量要求，改变生产食用菌容易污染的常规技术，编写成此书。

怎样生产绿色食用菌，让生产出来的产品达到绿色食品标准，是绿色食用菌生产上非常关心的问题。绿色标准的感官指标、卫生指标、理化指标和营养价值是产品的质量核心。要保障食品的安全性、营养性，防止有害重金属含量和农药残留量超标，就需要从原料、用水、生产地环境及覆盖材料入手，而不能只为高产目标，在使用配方和农药时随意地增加农药和肥料的用量和浓度，降低食品的营养价值和质量。只有我们按照要求操作，重视提高产品质量，按照国家和国际绿色食品标准来生产食用菌，产品才能营养、保健和畅销，才能安全地进入国际市场。

编写此书的目的，主要是向食用菌产业的从事者介绍绿色食用菌知识，推荐其采用并积极参与绿色食品的标准化生产，以创造出食用菌产品的特色品牌，增加市场占有量，迎来食用菌产业更灿烂的明天。

目录

第1章 绪 论

随着人类科学技术的发展，食用菌的生产技术也得到了快速的发展和进步。当前，该产业在全球化浪潮的冲击、碰撞与交融下，如何保持产品的营养保健特色、如何维护食品安全等问题，已经引起世界各国的高度重视。绿色食用菌产品，从来没有面临像现在市场需求一样的机遇和挑战。面对绿色食品地位和作用的日益彰显，高于无公害食品的营养保健绿色产品开始进入人们的视野。如何让农民学到先进的技能，实现生产技术创新、食用理念创新，选择正确的发展战略，利用好一切资源加快发展，是引导优质食品生产创新的目的。本章正是基于这样一个背景，从生产的实际问题出发，对食用菌的绿色生产理论进行介绍。

1.1 绿色食用菌的定义、栽培及发展

1.1.1 什么是食用菌

食用菌系指无毒可食、可补、可药、可用的所有蕈菌种类，总归属为菌物类的大型真菌。关于“菌”，英文Mushroom，是地球上的一类重要生物资源。在自然界中，菌和蕈是一家。中文汉语词典对蕈和菌的解释分别为：蕈，生长在树林里或草地上的某些高等菌类，形状略像伞，种类很多，有许多是人们可以吃或喜欢食用的；菌，低等生物，不开花，没有茎和叶子，不含叶绿素，不能自己制造养料，只能靠营寄生存或依赖在其他物体之上生活。显而易见，以上这种“蕈”和“菌”生于地上或长于木上的理论，完全来源于人类早期的自然生活，发展成立于生产实践之中，根源归宿于中国的传统文化。

人们一般通常把蕈菌分为3种类型：可食的食用菌、可治病的药用菌、有毒的毒菌。这种分类方法虽然简单，可从理论上来讲又不够科学。而所谓的食用菌，人们在习惯上又不包括酵母菌和乳酸杆菌等实际可食的菌类，使之与细菌、锈菌、放线菌、真菌、微生物等名称与含义相混淆，造成概念不清。

还有一部分人，把可食用的菌类，都统统称呼为蘑菇，有些教科书也这么定义。这实际上是不准确和不科学的。如果说，把木耳、灵芝、冬虫夏草、茯苓等全统称为蘑菇，那蘑菇又是什么东西呢？为了推进菌物科学的进步，使生物学进一步得到发展，菌物学方面把可以食用的大型真菌称为“食用蕈菌”，简称为“食用菌”；具有药用价值的称为“药用蕈菌”，简称为“药用菌”；对于那些具毒性的大型真菌称为“有毒蕈菌”，简称“毒菌”。现在，人们普遍将食用、药用和野生可食的蕈菌，统统都称作为食用菌。

1.1.2 中国栽培食用菌的历史

中国是世界上食用菌生产栽培产量最大的国家。香菇、木耳、草菇、银耳等食用菌产品，均属我国的传统产品。人类最早栽培的木耳，1000年前发源于中国；人工栽培香菇的技术，在800年前也发源于中国；600年前，郑和下西洋时，就把茯苓产品传到了国外。从生产技术的进步方面来讲，在20世纪60年代前，食用菌在中国仍处于半人工、半野生状态，到70年代方开始推广纯菌丝固态培菌人工接种，同时，试验并推广采用了代用料生产食用菌的技术。值得说明的是20世纪80年代初，中国将食用菌的开发列入国家发展计划，得到了政府财政的支持，全国掀起了研究和开发的热潮，在组织上成立了食用菌协会，建立了研究开发机构，食用菌产业得到了飞跃式发展，人类食物第三大来源的食用菌成了新兴产业。

1.1.3 为什么要推广普及绿色生产技术

绿色食品是生产单位遵循科学发展的原则，按特定的质量技术规程生产，申请专门机构检测认定，经许可使用绿色标志的无污染、安全、优质、营养的食品。由于它高于无公害食品，与环境保护有关，国际上便通常冠之于“绿色”，为了更加突出这类食品出自最佳生态环境和生产方式，因此定名为绿色食品。此类食品是针对安全保健而言，并非都具有绿的颜色。

1.1.4 生产绿色食用菌的必备条件

第一，绿色食用菌的原料产地必须符合绿色食品生态环境质量标准。用于生产食用菌的环境，其生长区域内没有工业的直接污染，水域上游、上风口没有污染源对该区域构成污染威胁。该区域内的大气、土壤、水质均符合绿色食品生态环境标准，并有一套行之有效的保证措施，确保该区域在今后的生产过程中环境质量不下降。

第二，在食用菌生产区开展的农作物种植、畜禽饲养、水产养殖及食品加工，必须符合绿色食品生产操作规程。农药、肥料、兽药、食品添加剂等生产资料的使用，必须符合绿色食品的有关准则。

第三，所生产出来的食用菌产品，必须符合绿色食品产品标准。绿色食用菌的生产全过程，要按照绿色食品规定的要求和制定的标准进行，最终产品必须由中国绿色食品发展中心指定的食品监测部门，依据绿色食品产品标准检测合格。

第四，绿色食用菌产品的包装、标志和贮运，要符合绿色食品包装贮运标准，同时，产品的外包装也要符合绿色食品包装和标签要求。

第五，为了让生产的食用菌产品达到绿色食品的标准，食用后安全、营养，食用菌生产者和技术工作者应按绿色食品的生产技术进行操作，以减免严重的负面效应，保障丰富的食物供给，满足人体健康的需求。

1.1.5 食用菌产品在国际市场面临的问题

我国加入WTO后，食用菌产品出口除面临日趋激烈的市场竞争外，技术壁垒也明显增多，食用菌产品的安全性对其出口的不利影响更加突出，尤其绿色壁垒应当引起菌业人士的高度重视。目前食用菌在国际市场中主要面临以下一些问题：

①2001年4月，日本政府启动“临时保护措施”，以限量和加

征266%的高额反倾销税等手段，限制中国鲜香菇的进口，致使我国香菇生产者和出口商遭受严重损失。此外，日本还于2006年5月29日实施食品中农业化学品残留“肯定列表制度”，以“贸易技术壁垒”如农药残留指标、严格检疫等手段，阻碍了我国食用菌产品的入关。

②近年进口我国食用菌产品的多数外国公司，在我国设立了办事处或委托代理商，并建有食用菌产品的收购加工工厂，这样即对我国食用菌产业了如指掌，在产季来临前迟迟不报价，待产量初步明朗时，便开盘压低产品价格，迫使我国食用菌的生产和经营企业难以应对，甚至亏损。

③由于食用菌生产渠道拓宽、对外贸易商家增多，我国的食用菌产品经营者出现了严重的报价低、无序销售竞争、自相残杀等现象。这样做的结果是最终坑害了菇农自己，而外国进口商却“渔翁得利”。其结局是肥水外流，不仅产品利润空间缩小，而且还导致了该商品承受国外反倾销制裁的风险。

④我国出口的食用菌产品，由于生产栽培与加工技术相对落后，科技含量低，出口销售的是原料性的干制品、盐渍品、冷冻品或初加工产品，产品附加值不高，数量大却换汇不多。

⑤我国食用菌与发达国家相比，产品大多没有进行绿色质量认定，缺乏有效的绿色质量保证体系，致使产品质量不稳定，在市场竞争中处于弱势，即使商品进入国际市场也被列为低劣商品，有些产品遭到国外退货、索赔。例如，我国有些菇农在食用菌栽培中，常超限使用化学农药防治病虫害，在生产中使用生长激素，这就被农残限量规定中“不得检出”拒之国门之内。还有的产地，营养配方不科学，重金属污染或加工产品使用防腐剂，这也使菇类产品的限量指标超标。

1.2 食用菌营养医疗价值与保健作用

1.2.1 中国的食用菌饮食医疗文化

民以食为天，蕈菌新食源。药食皆自同根，医食自古同恋。

食用菌是中华食品文化之瑰宝，是科学，是艺术，是当今人们喜爱的菜肴和食疗药膳食品，其营养价值和保健作用已越来越为人们所认识。

目前人工生产的食用菌种类繁多，香菇、平菇、黑木耳、银耳、金针菇、蘑菇、草菇、猴头菇、白灵菇、杏鲍菇、茶树菇和灰树花等市面上常见，日常购买方便。野生食用蕈菌在餐馆也显而易见，如冬虫夏草、块菌、羊肚菌、美味牛肝菌、松口蘑等，这些食用菌以质嫩味美和营养保健而闻名，是民间性广泛食用的高营养、高价值的山珍产品。药用菌中常见的灵芝、桑黄、猪苓、茯苓、竹黄、云芝等，因具有药理作用，便常应用于临床医疗。总之，中国食品文化、中医学文化，都揭示了中国菌物学发展的轨迹，积累了丰厚的菌物保健知识。人们在长期实践中将菌类进食入药，总结和区别开无毒、有毒、有价值、能治病的菌类，选择了“蕈菌”中那些安全、有营养、利健康的种类，作为维持日常生活和治疗疾病所用。由此可见，很多蕈菌作为治疗疾病的药物，同时也是很好的食品，具有食与药两方面的性能。鉴此，这些食用菌成了饮食和医疗丰厚的物质基础。现在，我国的食用菌产品，已经在养生、食疗方面积累有大量的宝贵经验，逐步形成了饮食疗法的专门科学。

1.2.2 食用菌的营养价值和保健作用

科研成果分析表明，食用菌的蛋白质含量，鲜品为自身质量的2%～5%，干品为自身质量的30%～40%，高于一般蔬菜，而且其氨基酸构成全面，大多数都含有人体无法自身合成的氨基酸，在国际上食用菌也是公认的优质蛋白质来源，可弥补我国人民“高谷物类型”膳食结构中蛋白质摄入的不足。食用菌也是天然食品中维生素的重要来源，维生素含量一般比蔬菜高2～8倍。它们普遍含有较丰富的麦角甾醇，经紫外线照射即可转变成维生素D。干香菇维生素D含量达到128～140国际单位/g，而以营养价值高见称的大豆仅含6国际单位/g。常见食用菌中维生素B_2和烟酸的含量显著多于一般蔬菜。食用菌还富含矿物质，平菇、草菇、黑木耳、银耳、香菇的含钙量均很高，含磷量一般为黄瓜、白菜等常食蔬菜的5～10倍，而木耳和香菇的含铁量约为一般蔬菜的100倍；因此对于机体的骨骼发育、缺铁性贫血及妇女健康具有特殊意义。食用菌中食用纤维含量为一般蔬菜的3～10倍，有助于消化道疾病患者的预防和治疗。

按照中华传统的食药同源理论，诸多食用菌具有一定的食疗作用。随着科技的发展，国内外研究人员通过现代技术手段，已多方面验证了其保健作用。如普遍存在于食用菌中的多糖类物质，均不同程度地表现出抑瘤作用，研究发现，平菇、香菇对降低血清胆固醇作用明显；黑木耳能抑制血小板凝集；猴头菇对消化道系统有保护和治疗作用。

1.2.3 食用菌产品已经成为大众化食品

20世纪80年代后期是我国食用菌生产发展迅速的时期，普通老百姓也能吃得上食用菌产品。由于广大工薪阶层具备了相应物质条件，食用菌零售价格也完全能被消费者所接受，从而餐饮水平提升，加之炖、焖、煨、蒸、煮、熬、炒、卤、炸、烧等烹调技术普及，兼具色、香、味、形的美味菌类食品，让其进餐者食欲大增，达官贵人盛宴上才有的蕈菌山珍，已步入了寻常百姓之家。

通过长期实践证实，进食有益蕈菌，安全营养、方便可口，所以，其易被人们接受，也受到普遍欢迎。值得肯定的是常食有益蕈菌，可以调节人体免疫功能的平衡，使人体内部生理保持相对恒定，此外其还具有调整物质代谢等良好的养生效果。药用食用菌不但治疗安全，而且能滋补身体，还能避免化学药物给人体带来的副作用。

另外，食用菌因其特有的不同于一般蔬菜、水果的生产过程，只要按绿色技术规程生产，基本不存在农药残余对人体造成危害的问题。国内外科学家从营养学角度，对食用菌给予了很高评价，认为小小的食用菌产品，集中体现了人类食品的良好特性，其营养价值达到植物性食品的顶峰，并预言绿色食用菌产品将成为人类生存的重要食物来源。

1.3 发展绿色食用菌的意义

1.3.1 食用菌中含有人体必需的健康营养物质

食用菌中含有人体必需的健康营养物质，是人类几千年来总结出的经验，不是人们平白想象的结果。本书第一章前两节对人体的食用健康营养问题，已作了较为详尽的论述，但是在此要重申的是，随着社会经济的发展和人民生活水平的提高，人们对食用菌产品的要求已由数量转向优质。如果说食用菌产品受到了污染，那么再好的产品，不论多高的营养，其价值都为零。鉴此，我们生产绿色食用菌的意义就在于无公害，保证食用菌产品的物质营养不被破坏，达到绿色食品的各项指标，将农药残留和重金属、甲醛等各种有害污染物质的含量控制在国家或国际规定的范围内，使人们食用后不会对身体健康造成危害，同时达到营养保健的目的。

1.3.2 绿色食用菌操作环节在于全过程控制

由于食用菌产品的生产过程复杂，稍有空气污染、忽视添加剂富集指标、忽略农药残留量，即会影响进食者的健康安全，又因不能出口，使生产农户受到巨大的经济损失。因此，绿色食用菌的生产场地必须清洁卫生、地势较高而平坦、排用水方便，周边2km以内不允许有“工业三废”等污染源，远离医院、学校、居民区、公路主干线500m以上。除此之外，其大气、灌溉水、土壤质量应符合绿色食品的质量要求，并有一系列保证今后环境质量不下降的措施，例如：上风口、上水口无污染源，生产中农药、肥料和配方标准规范，在子实体生长期间绝不使用任何有害化学药物。

1.3.3 绿色食用菌是人类生存发展的崇高产业

要提升食用菌生产的质量、产量和经济效益，就必须实行绿色技术的普及推广应用。现在绿色食用菌已受到人们的偏爱和青睐，通常在市场中供不应求，其价格比普通食用菌产品高出1～2倍。在绿色食用菌的生产中，关键在于保护自然资源和生态环境，增进人们的身体健康，强化“人与生物圈共生共荣”的持续消费意识，追求食物消费的安全性、科学性和经济性的统一，蕴含对“环境洁净度”和“资源持续利用”的科学发展观。因此，生产绿色食用菌产品，是一种事关人类生存和发展的崇高产业。

1.3.4 绿色食用菌是推动科学发展的促进剂

近年来，全球都在倡导生产和消费绿色食品。在竞争激烈的国际贸易中，食用菌出口产品是否达到绿色标准，关系到贸易的成败乃至生产企业的生存和发展。

我国加入世贸组织后，丰富的食用菌产品已向145个成员国出口，享受稳定的、无条件的最惠国待遇。例如，韩国高达65%的蘑菇进口关税大幅度下调，日本12.8%的蘑菇进口关税下降至4%～5%，这无疑促进了我国的食用菌产业品牌的建设，推动了绿色食用菌产品名牌的高端竞争。

努力发展绿色食品，是食用菌产业的方向，是产业立于不败的基础，是理性的经济行为，是由过度消费高热量食品向消费营养保健食品的转变，是农业进入工业的技术革命，是推动经济、社会、饮食文化的促进剂。同样，提倡绿色食用菌生产，就是提倡全新的饮食文化，提倡全新的生活消费观念，提倡全新的对人类健康负责的态度。

第2章 蕈菌类的生态习性、生活史与子实体特征

蕈菌，通常是指那些能形成肉质子实体的大型真菌，包括大多数担子菌类和少数可食用的子囊菌类。

2.1 蕈菌类的生态习性

人工栽培食用菌来源于野生蕈菌驯化。不同种类的野生蕈菌有不同的生长环境需求，生态习性也不尽一致（图2-1）。有的蕈菌单生、散生，有的成群生长或成圈生长，有的簇生或丛生，有的叠生或覆瓦状生长。蕈菌大多以腐生方式从基质中获取营养，少数以寄生方式从高等植物体或其他有机体上获得营养。

木上单生

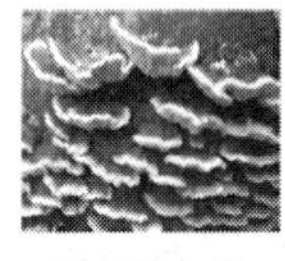

覆瓦状木生

土中单生

土中双生

粪土中生

群体丛生

蕈菌与树木形成外生菌根

图 2-1　蕈菌类生态习性

多数野生蕈菌生长在地上，有的生长在枯立木、腐木、树桩或树干的腐朽部分，有的生长在腐草堆上，有的生长在粪肥上，有的生长在动物身上。如虫草菌以蝙蝠蛾幼虫为营养，生长在海拔2000～4000m的高山草甸；美味牛肝菌、点柄牛肝

菌、褐黄牛肝菌、松口蘑、棕灰口蘑、松乳菇生长在林中地上，并于森林树木形成菌根；蜜环菌可兼性寄生在200种左右的树木上，而天麻是一种兰科药用植物，必经蜜环菌供养才能生长发育，两者形成共生和反寄生的关系；硬柄小皮伞一般生长在空矿的草地上，并形成蘑菇圈。

蕈菌种类不同其生长季节也不相同。羊肚菌子实体生长于春季的3～5月下旬，冬虫夏草生长于初夏，草菇、灵芝多生长在盛夏，木耳、牛肚菌等大多数菌类生长于夏秋季。整体上秋季里菇类的生长量和品种都明显多于其他季节。

2.2 蕈菌类的生活史

蕈菌类的多细胞生物体是由菌核、子座和子实体三部分组成。同时，它们的细胞内没有色素和染色体，只能从别的活着的或死了的生物体里获得建造自身的各种物质。

蕈菌类的子实体是由菌丝体发育而来，而菌丝体由孢子萌发形成，也可由子实体任何部分组织或菌丝体的扩展来构成。菌丝体是蕈菌的营养器官，生长在腐木中或土壤里，肉眼难以观察清楚，它的主要作用是摄取基物中的水、无机物和有机物，当环境条件适宜时，菌丝体就大量繁殖生长，经过一定的发育阶段而产生子实体，即蕈菌的繁殖器官。

蕈菌类子实体的形成有无性繁殖和有性繁殖两种途径。无性繁殖是指不经两性细胞的结合便产生新的个体，通常是通过芽殖、菌丝断裂以及产生分生孢子、节孢子或粉孢子等无性孢子来进行的，大多数担子菌的无性繁殖不发达。有性繁殖是通过有性的担孢子进行的。菌丝经过特殊的分化和有性结合形成担子，在担子上形成的有性孢子即为担孢子。担孢子在适宜条件下萌发形成菌丝进而形成子实体。

蕈菌的生活史大致可分为以下5个阶段：

①初生菌丝（一级菌丝）形成：担孢子萌发，形成由许多单核细胞构成的菌丝，即为初生菌丝。

②次生菌丝（二级菌丝）形成：不同性别的一级菌丝发生接合后，通过质配形成双核细胞构成的次生菌丝。通过“锁状联合”形成喙状突起而连合两个细胞的方式不断使双核细胞分裂，从而使菌丝尖端不断向前延伸。

③三生菌丝（三级菌丝）形成：在条件适合时，大量的二级菌丝分化为多种菌丝束，即为三生菌丝。

④子实体形成：菌丝束在适宜条件下会形成菌蕾，然后再分化、膨大呈大型子实体

⑤担孢子形成：子实体成熟后，双核菌丝的顶端膨大，其中的两个核融合形成一个新核，此过程称核配。新核经两次分裂（其中有一次为减数分裂），产生4个单倍体子核，最后在担子细胞的顶端形成4个独特的有性孢子，即担孢子。

成熟蕈菌的生长发育过程和形态结构能够全面地反映出整个子实体的生活形态。下面以伞菌为例简单介绍其子实体的生长发育过程。

伞菌在蕈菌类群中很有代表性，子实体在生长发育过程中经过菌丝体、原基、幼年子实体、成熟子实体的发育阶段，其发育过程见图2-2。

伞菌的子实体由菌盖、菌肉、菌柄、菌褶、菌托等组成（图2-3），顶部的菌盖包括表皮、菌肉和菌褶；中部的菌柄常有菌环和菌托；基部为菌丝体。

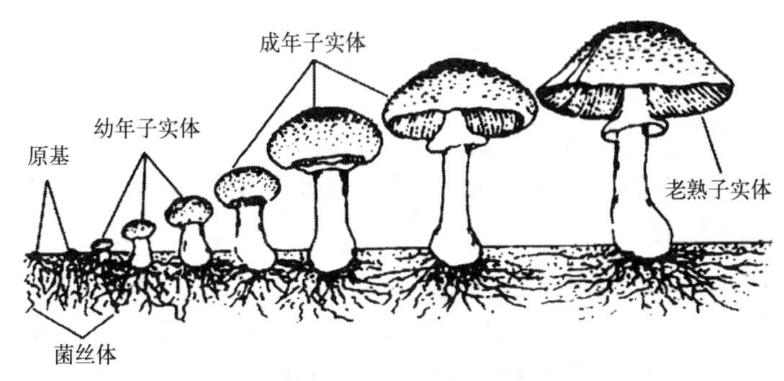

图2-2　伞菌子实体生长发育过程

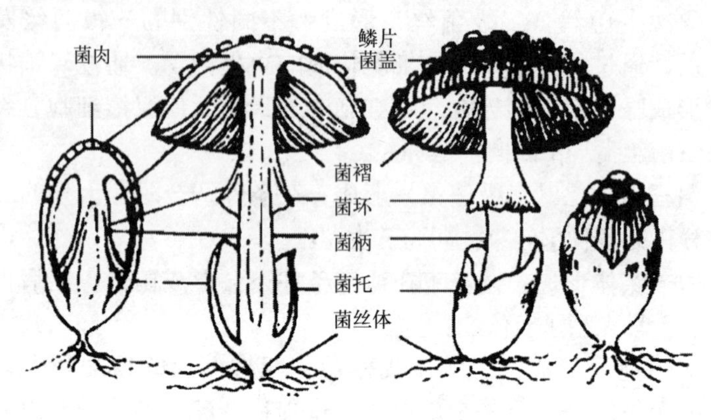

图 2-3　伞菌子实体形态结构示意

菌盖是子实体最明显的部分，好像一顶帽子。形状多种多样，一般常见的有钟形、斗笠形、半球形、平展形、漏斗形等。菌盖颜色十分复杂，还有的具有各种附属物，如纤毛、环纹、各种鳞片等。

菌柄多数生在菌盖的中央，有的偏生或侧生在一边。菌柄的质地有肉质、蜡质、纤维质或脆骨质等；有的与菌盖不易分离，有的极易分离；颜色也有多种多样；形状也各不相同，如圆柱状、棒状、纺锤状、杵状等。

菌丝体位于地下，是菌基根部的营养体部分，即非繁殖器官。菌丝体有隔，可伸入培养基中吸收养分。在一定温度与湿度的环境下，菌丝体取得足够的养料就开始形成子实体。

2.3　蕈菌类子实体的特征及分类

蕈菌的种类繁多，种类与品种不同，其子实体的形态特征也不尽相同。为了开发利用蕈菌资源，现将蕈菌子实体分成5个类型用简图作以介绍。

2.3.1　伞菌类子实体特征

伞菌类是人们食用和接触广泛的蕈菌种群，这里列举很有代表性的16种伞菌类子实体。其特征见图2-4。

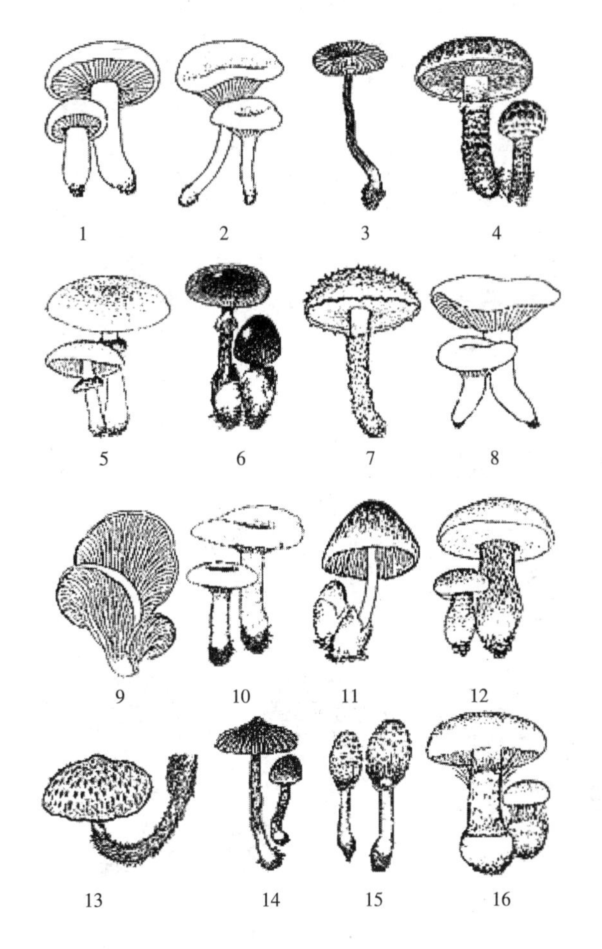

图 2-4　伞菌类子实体特征

1—白毛口蘑；2—杯伞；3—紫腊蘑；4—松口蘑；5—草地蘑菇；
6—鹅膏菌；7—松塔牛肝菌；8—乳菇；9—平菇；10—红菇；11— 草菇；
12—美味牛肝菌；13—黄鳞伞；14—离褶伞；15—鸡腿菇；16—丝膜菌

2.3.2　耳类及腹菌类子实体特征

耳类及腹菌类子实体特征与伞菌类大不相同。图2-5列举出木耳、银耳、马勃、竹荪等常见的14种子实体。

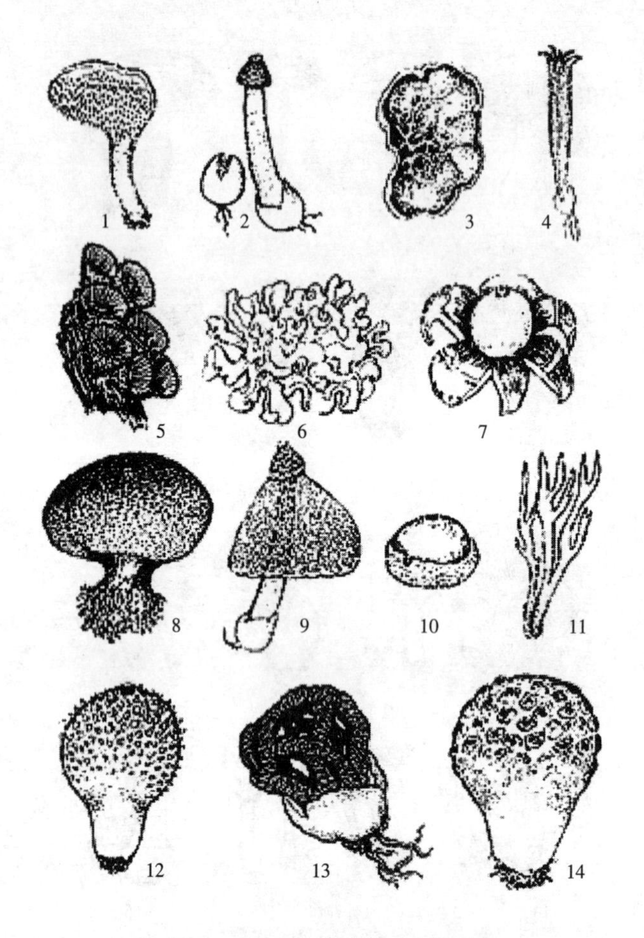

图 2-5　耳类及腹菌类子实体特征

1—虎掌菌；2—细黄鬼笔；3—木耳；4—五棱散尾鬼笔；5—黑蛋巢菌；6—银耳；7—地星；8—灰包；9—竹荪；10—脱顶小马勃；11—鹿角菌；12—网纹马勃；13—笼头菌；14—龟裂秃马勃

2.3.3　子囊菌类子实体特征

子囊菌类的蕈菌多发生于林荫道、林区湿地、潮湿草原和阴面山沟，其子实体一般较小，但是经济价值较高。子囊菌类子实体的特征见图2-6。

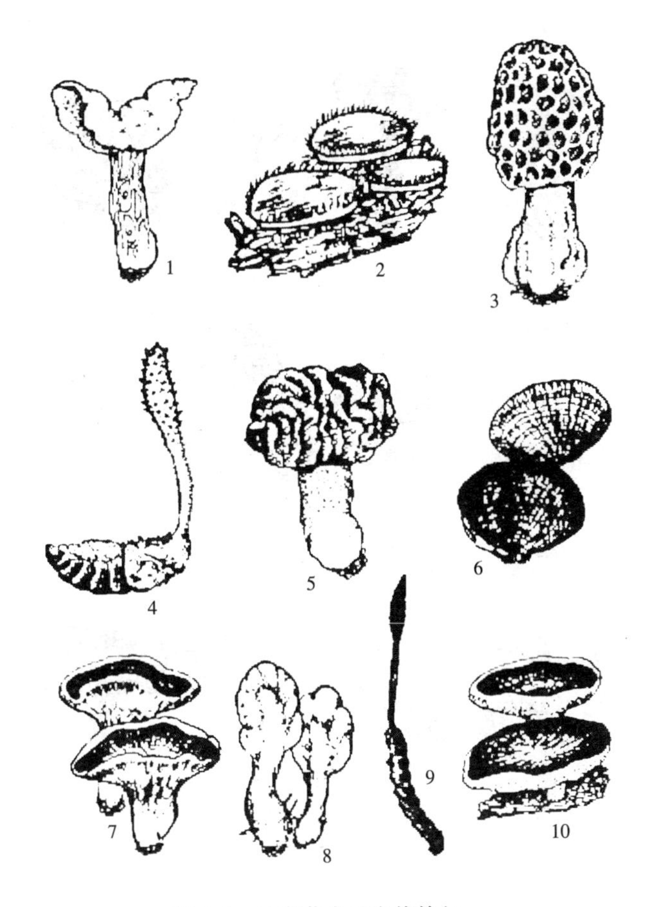

图 2-6　子囊菌类子实体特征

1—白马鞍菌；2—红毛盘菌；3—羊肚菌；4—蛹虫草；5—鹿花菌；
6—炭球菌；7—棱柄盘菌；8—黄地勺菌；9—虫草；10—红白毛盘菌

2.3.4　多孔菌类子实体特征

多孔菌类子实体多发生于森林之中，常散见于树木之上，有些药用价值极高，如药用灵芝等。其子实体主要特征见图2-7。

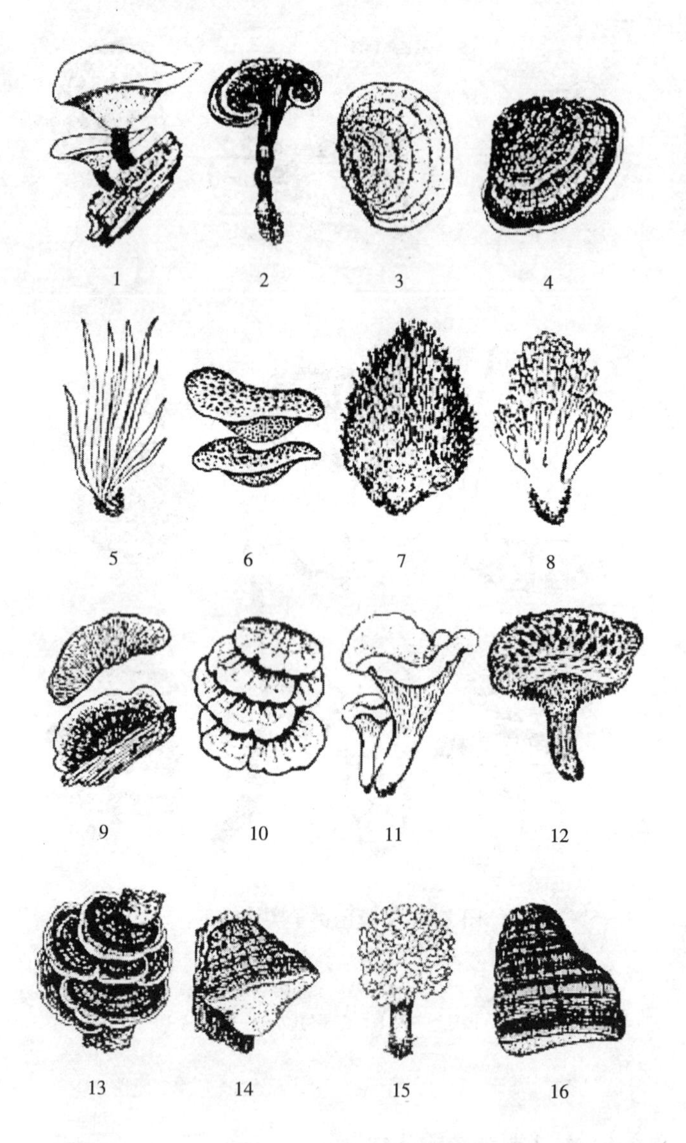

图 2-7　多孔菌类子实体特征

1—黑柄拟多孔菌；2—灵芝；3—血红栓菌；4—红缘拟层孔菌；5—豆芽菌；6—宽鳞大孔菌；7—猴头菌；8—枝瑚菌；9—褶孔菌；10—硫黄干酪菌；11—鸡油菌；12—翘鳞肉齿菌；13—云芝；14—缝裂木层孔菌；15—绣球菌；16—木蹄层孔菌

第3章 绿色食用菌生产常用设施、药品和原料

食用菌生产包括菌种生产，产品的生产，设备、药品和原料的生产。其中生产设施、药品和原材料是食用菌生产中的一个重要方面，它是保证整个生产目标得以实现的基础。

3.1 基本生产设施和要求

3.1.1 生产必备知识和器皿设备

培养制作菌种和生产出合格产品，工作人员需具备菌物学基础知识，懂得菌种繁育和安全生产的操作程序，并且必须按照绿色食品生产技术的有关规定进行。

在食用菌生产之前，需要建设生产基地，建造浸泡池、洗刷池、烘干室、培养室、常压灭菌锅等基础设施。一般需购置的设备有：粉碎机、拌料机、装袋机、增湿机、喷雾器等，有条件者还可购置液体菌种发酵罐等设施。

在生产菌种之前，需要购置一些基本仪器和设施，如高压灭菌锅、超净工作台、接种箱，电热恒温培养箱、紫外线灯具，三角烧瓶、烧杯、试管、刻度吸管、量杯、试管架、漏斗、酒精灯、接种针、接种环、接种钓、接种铲，托盘天平、钟罩、电炉、玻璃棒、镊子等。

3.1.2 食用菌生产必备的条件

1. 场所环境条件要求

大气环境不得低于《环境空气质量标准》GB 3095-96中规定

的二级标准要求。在上风口无矿区工业和医院，远离排放“三废”的工业企业500m以上。生产场所要求平整，做到路通、水通、电通；菌种车间采光良好，地面平整光洁，离厕所、圈舍、公路等污染源100m以外。厂内地表全面硬化处理，要具备防蝇、防尘、防鼠设施，并保持清洁。菌种室配有更衣室，更衣室必须与生产车间相连。

2. 厂区环境卫生要求

道路应混凝土硬化平坦，无积水，厂区内应合理绿化，保持环境整洁。生产车间、原料及成品库远离厕所，厕所采用水冲式，并设有洗手设施。垃圾箱应远离生产车间、原料和成品库，垃圾应定期清理出厂，并对垃圾存放处适时消毒。厂内不得有虫鼠害，灭虫鼠不得使用化学药剂。厂区内禁止饲养家禽、家畜及其他动物。

3. 设备要求

不使用铅、铅锑合金、铅青铜、锰黄铜、铅黄铜、铸铝及铝合金材料和易锈蚀的金属材料，加工设备的炉灶、供热设备应布置在生产车间墙外。生产期间常对设备进行清洁和消毒。

4. 用水要求

必须符合《生活饮用水卫生标准》GB 5749的要求。

5. 人员要求

工作人员必须持证上岗，必须接受卫生教育培训，达不到卫生知识考核标准的不能上岗作业。职工每年进行一次健康状况检查，对不合格者应调离。生产人员不得留长指甲和涂指甲油，进车间必须穿戴专用工作衣、鞋、帽，并保持整洁；工作时应洗手，班中便后应洗手。车间内禁止吸烟、随地吐痰、乱丢废品、摆放与生产无关的杂物。生产人员操作前要进行消毒，穿戴专用工作衣帽，保持整洁。

6. 注册要求

规模化生产必须合法经营，应在民政部门、工商行政管理部门注册，持有发放的生产许可证实行标准化生产。

3.1.3 食用菌生产中必要的检验控制

所生产出的菌种和子实体，质量必须实行严格自我监控。应有适宜的检验室和检验设备，检验人员应对原料进厂、加工直至菌种、成品出厂全过程进行监督检查，重点做好原料验收、产品检验和成品检验的工作。

在食用菌生产过程中应建立原始档案制度。各项检验实行原始记录控制，原始记录格式规范，填写认真，字迹清晰，并按规定保存。

3.2 常用的消毒灭菌方法

3.2.1 什么是消毒灭菌

在食用菌生产过程中，所存在和利用的空间，都与空气、水质、工具、设备、地表打交道。如若环境中存在其他病毒和杂菌，则它们必然要侵害、争夺食用菌的养料和空间，严重者使生产完全失败。为使所生产的菌种或栽培的食用菌保持健壮，能在无菌或基本无菌的基质、空间和环境中生长，所采取的一切无菌技术措施，都可称作消毒和灭菌。

3.2.2 消毒灭菌常用药品

食用菌生产中常用的消毒药品有：甲醛、高锰酸钾、酒精、来苏尔、漂白粉、硫酸铜、烟雾消毒剂、空气净化剂、苯酚、硫黄、生石灰等。

3.2.3 消毒灭菌的目的

在生产的过程中，食用菌培养基会因杂菌的侵袭而对菌丝或子实体造成危害，所以应采取保护防范措施，创造无菌的培养基质和环境，以杜绝杂菌的侵入，保证生产获得良好的经济效益。

3.2.4 常用的消毒灭菌方法

1. 高温灭菌

高温灭菌能破坏有害菌的生理结构和功能，使有害菌的细胞不能生殖而活性急剧下降以至死亡。多数细菌、酵母菌的耐温性能较弱，在60～80℃的条件下10分钟内可致死；放线菌、霉菌、病毒等抗热性强，在80～100℃的条件下10分钟内可致死；细菌芽孢抗高温性能最强，在100℃以上并经相当时间才可致死。

2. 紫外线灭菌

紫外线是一种可明显使杂菌致死的辐射线，它能对杂菌细胞内的核酸造成损坏，同时，空气通过紫外线照射，可产生大量臭氧从而起到空间灭菌的作用。

3. 化学灭菌

化学灭菌是利用各种灭菌剂来抑制或消灭杂菌的方法，常采取的方法有喷洒、烟雾、熏蒸、添加、撒施等。化学灭菌剂的种类很多，而种类不同、用法不同、浓度不同、温度不同，往往灭菌的效果也截然不同。

3.3 常用设备的洗涤和使用

3.3.1 玻璃器皿的洗涤和使用

在生产菌种和生产食用菌之前，必须对所用玻璃器皿和用具进行仔细的清洗。对难以用刷子洗刷的器具，要先在凉水中浸泡，然后用自来水洗刷至无污物，再用去污粉或肥皂水将器皿内外洗涤干净。

生产过程中的一些用品使用完毕后应当立即将其浸泡进凉水中清洗。洗涤干净的玻璃器皿，要烤干至无水珠，以备下次使用。

3.3.2 高压灭菌锅及常压蒸汽炉的使用

常用高压灭菌锅有普通高压灭菌锅（图3-1）、手提式高压灭菌锅（图3-2）。其使用方法为：

①在锅内加水至水位标记高度，不得过多或过少。

②放入锅内的物品不得过挤，否则会影响蒸汽流通，致使灭菌效果不佳。如确实拥挤，中间可放一层竹竿作通气之用。

③仔细检查排气阀门，看有无堵塞现象。

④盖上锅盖，对角拧紧盖上的螺栓，勿使漏气，关闭好气阀。

⑤打开开关，锅内温度逐渐升高，待锅内压力上升至0.5kg/cm^2

时，打开放气阀，排掉锅内冷气，使指针回到“0”位，再关闭放气阀。

⑥继续加热至所需压力，在规定标准压力下，维持所需的灭菌时间。

⑦关闭开关，让压力自然回降至“0”，打开放气阀，排尽余气。

⑧打开锅盖，取出被灭菌之物品。

⑨用完锅后要洗涤干净，以防生锈，影响灭菌锅的安全和寿命。

但是，不同型号的灭菌锅的使用方法不用，具体使用方法要参照说明书。

常压蒸汽炉灭菌（图3-3）比较方便，是目前生产中比较常用的灭菌方法。常压蒸汽炉包括炉体、烟筒两个部分。炉体为立式结构，其内腔呈瓶状，瓶体部分构成炉腔，瓶颈部分构成烟筒。炉体内、外壁之间构成窄间隙环形水套，瓶体部分的水套为蒸汽水箱，瓶颈部分的水套为预热水箱，两者之间由安装有控水开关的加水管连接，炉腔内设置有与蒸汽水箱连通的纵五横三排列

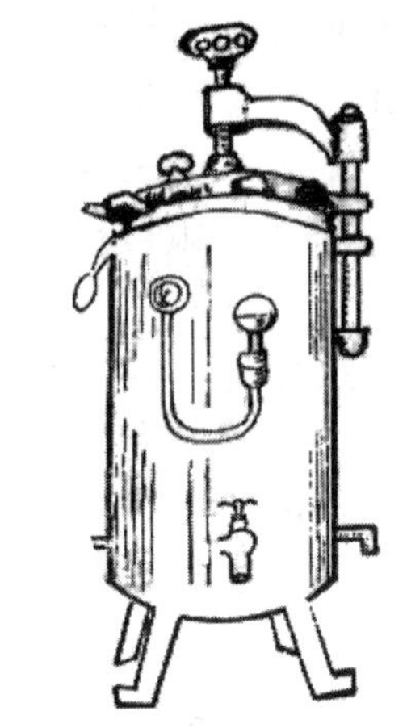

图3-1　普通高压灭菌锅

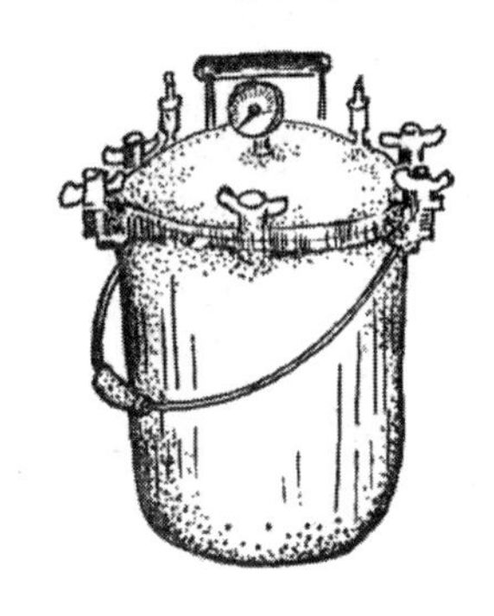

图3-2　手提式高压灭菌锅

图3-3　代料栽培中常使用的常压蒸汽灭菌炉

的加热水管。本炉配套使用蒸堆太空包式灭菌法，将输气管道通入由塑料布罩牢的灭菌料堆内，使炉内蒸汽直接输入堆内，锅炉实现无承压运行，灭菌效率高，生产效能好。

3.3.3 制种设备与使用

1. 接种室

接种室供接种之用，接种室面积不宜过大，有5~6m²即可，高度必须控制在2.2m以内。接种室外设缓冲间，供接种人员换衣帽之用。接种室要保持清洁，使用前可先用气雾消毒剂消毒，后用紫外线灭菌15~30分钟。通风后工作人员需穿戴无菌衣帽和鞋，进入无菌室后开始无菌操作。

2. 接种箱

接种箱是一个便于熏蒸灭菌和接种的小箱。接种箱视生产需要设计成单人或双人接种结构，观察窗安装玻璃，挡板上留有两个操作孔，孔口装有两个白布袖套，使用后应放在箱内。接种时点燃酒精灯，按程序在火焰上方即可接种。接种箱参见图3-4。

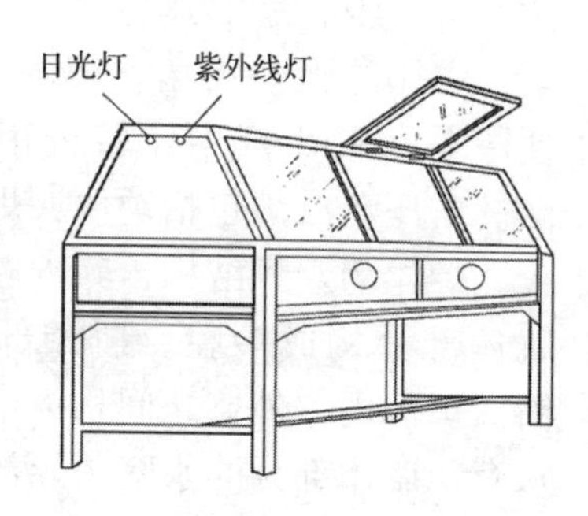

图 3-4　自制接种箱

3. 塑料薄膜接种帐

透明薄膜帐高1.8m，底面积视生产需要确定，操作孔径大小同接种箱袖套，一切仿接种箱粘焊牢固后，四角用绳子拉起，经熏蒸灭菌即可使用。此法可不用火焰灭菌，对于农户来说能应急，工作结束后可拆除，比较经济实用。

4. 超净工作台

超净工作台（图3-5）要求安装在洁净室或不容易发尘的室内，工作人员要穿戴紧口的工作衣帽，操作时必须按规程进行。

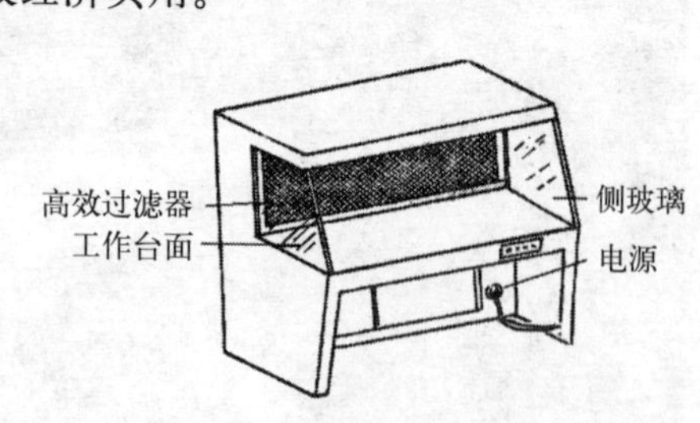

图 3-5　超净工作台

3.4　绿色食用菌生产常用的原料和辅料

3.4.1　常用原料

食用菌生产的原料是有选择的，常用原料为无污染、含油、芳香的木材下脚料、枝梢，农作物秸秆、棉籽壳、甘蔗渣等，以及畜禽、粮食副产品和富含纤维素的物质。

3.4.2　基本辅料

通常用的辅料有：米糠、麸皮，石膏、石灰、琼脂、马铃薯、植物糖等；微量元素添加剂有：氮、磷、钾、硒、锌、镁等。

3.4.3　原材料来源

所有原材料必须来自于天然环境，来自于绿色食品生产基地，或是来源于符合绿色食品生产要素条件的地方。难以证明是绿色的一切原材料，都不宜用于绿色食用菌产品的生产。

第4章　菌种生产技术与配方

从知道如何生产菌种到有条件能够生产菌种，是食用菌生产活动前期的递进行为方式，这种知识要素和生产要素的相互联系、相互作用和相互运行，才能形成完善的生产行为规范。本章节借鉴前人的研究和作者自身的实践经验，将菌种制作中的一般技术和配方作以简要的介绍，供初学者参考。

4.1　菌种的概念

4.1.1　什么是菌种

菌种实际上就是繁殖食用菌的“种子”。野生蕈菌是依靠孢子和菌丝体繁殖的，在自然界里，孢子和菌丝体借助在适宜条件下萌发形成的菌丝进行传播，最后生长发育成子实体。人们为了取得这样的“种子”，进行了艰苦卓绝的科学研究，按照生物学规律并仿效自然传播的习性，不断总结经验，从活细胞中分离筛选出组织，从而繁殖出菌种，培养出人工纯菌丝体，贮存待用于生产，使生产量达到了人类理想的目标。

4.1.2　人工培育菌种

人工培育的菌种，是从高产、稳产、适应性强的优良单株中分离的孢子或部分组织培育而成。有些亦采用菇木分离。这些经各种各样人工培养成的纯菌丝体，人们通常把它叫做菌苗、菌株或菌种。

4.1.3　菌种分级名称

被人工培育出的菌种，通常有母种、原种和栽培种之分。一般用孢子或组织培育出的菌丝体称母种；把由母种扩大到木屑等培养基上的菌种称为原种；再由原种扩大培养成为供生产使用的菌种称为栽培种。有些将母种、原种及栽培种分称为一级菌种、二级菌种和三级菌种。

4.2　菌株的采集与分离

4.2.1　菌株的选择

用作分离菌种的子实体，应选择生产性能高的菌株。比如香菇则要求菇形圆整、菇体肥大、柄细而短、菌盖呈深褐色、出菇早、无病虫害、八成熟的子实体。黑木耳则选择朵大肉厚，颜色黑褐，质地细腻，抗病、抗旱、抗杂菌能力强的单株。

4.2.2　子实体的分离技术与条件

在子实体分离之前，必须对操作间进行灭菌处理，将超净工作台提前开启15分钟，把接种刀、镊子等工具用75%酒精浸泡处理3分钟以上。

1. 子实体的灭菌处理

以香菇为例，取选好备用的新鲜子实体，清除污物，剪去2/3菇柄，将剩余部分放入新配制的10%次氯酸钠溶液中表面灭菌2分钟，然后用70%酒精棉球（酒精浓度为75%）消毒种菇表面，并用灭菌后的滤纸尽快吸干多余的酒精，再用无菌水冲洗两次，放于无菌滤纸上吸干水分。

2. 分离接种

在超净工作台上把种菇撕开，在菌盖和菌柄交界处或菌褶处，用灭菌后的接种刀切取一小块组织，用镊子将其撕成10mm × 5mm的小薄片，接种在试管斜面中央，然后，在酒精灯火焰上方塞上棉塞，置25℃培养箱内培养。

3. 转管扩繁

待试管斜面上长出足够的菌丝后，将接种后长成功的试管的棉塞齐口剪平，倒立于溶化的固体石蜡中蘸一下取出，冷却后包上牛皮纸，装入塑料袋置于4℃冰箱保存，以后每3～5个月转管一次，或待生产之需时扩繁使用。

4.2.3 孢子粉收取

在无菌室内选择用以上方法处理好的子实体，插在灭过菌的支架上，放入灭过菌的钟罩内。钟罩下面放置双层纱布，并倒入75%的酒精溶液，以浸湿纱布为宜。尔后，将孢子粉收取钟罩装置移入室温18～20℃处培养1～2天，即有孢子弹射出。发现培养皿内孢子颜色由浅变深时，应停止弹射，移入无菌室。此时，可在无菌条件下取出子实体，在落有孢子的培养皿上，加盖皿盖或玻璃片，供孢子稀释分离或保存之用。

4.3 无菌条件的准备

微生物在自然界的分布十分广泛，生产菌种中，原料、水、工具、设备和空间等都存在着大量的微生物，它们以菌体或孢子的形态存在，随着各种媒介进行传播。这些微生物对菌种的正常生长影响极大。对生产和繁殖菌种而言，除要求培养的菌类以外的微生物都统称为杂菌。菌种在生长过程中一旦感染杂菌，杂菌就会迅速繁殖和分泌毒素，从而给生产造成经济损失。因此，在食用菌的制种过程中，应树立严格的无菌观念，创造洁净环境，保证菌种优良纯正无杂菌。

4.3.1 物理杀菌消毒

1. 紫外线杀菌消毒法

紫外线消毒法主要用于接种室、菌种培养室等环境的空气消毒和不耐热物品的表面消毒。其杀菌机理是当其作用于生物体时，可导致细胞内核酸和酶发生光化学反应，而使细胞死亡。另外，紫外线还可使空气中的氧气产生臭氧，臭氧具有杀菌作用。紫外线的杀菌效果与波长、照度、照射时间、受照射距离有关。一般选用30～40W的室内悬吊式紫外线灯，安装数量应平均不少于1.5W/m^3，如60m^{2}房间需要安装30W紫外线灯3支，并且要求分布均匀。30W紫外线灯的有效作用距离为1.5～2m，1.2m以内效果最佳，照射20～30分钟，即可杀死空气中95%的细菌，但对真菌效果差，只起辅助消毒作用，还需配合药物使用。为防止光修复，应在黑暗中使用紫外线。照射结束后，须隔30分钟，待臭氧散尽后操作人员再入室工作。为保证紫外灯的照度，应定期更换紫外灯，一般使用3000～4000小时更换一次。此外，紫外线对人体有伤害作用，不要在开启紫外灯的情况下工作。

2. 臭氧发生器杀菌消毒

主要用于接种室、接种箱、菇房、更衣室等空气流动性差的小环境内消毒。该产品能高效、快速杀灭空气中和物体表面各种微生物，接种成功率可达97%以上；同时具有性能稳定、操作简单、耗电小的特点。

4.3.2　熏蒸杀菌消毒

熏蒸消毒是利用喷雾、加热、焚烧、氧化等方式，产生有杀菌功能的气体，对空间和物体表面进行消毒杀菌的方法。

1. 甲醛和高锰酸钾熏蒸法

使用方法是每立方米空间用8～10mL40%甲醛和5～7g高锰酸钾。先将高锰酸钾倒入陶瓷或玻璃容器内，再加入甲醛；加入甲醛后人立即离开，密闭房间。室温保持26～32℃，消毒时间一般为20～30分钟。消毒后要打开门窗通风换气。注意顺序是将甲醛溶液倒入高锰酸钾内。

如果接种室较大，最好多放几个容器，进行多点熏蒸，效果会更好。有条件安装紫外线杀菌灯，在熏蒸的同时开启紫外灯，可达到更好的杀菌效果。熏蒸后，24小时后操作人员方能进入室内工作，若气味过浓影响操作时，可在室内熏蒸或喷雾浓度为25%～28%的氨水，每立方米空间用38mL，作用时间10～30分钟，以除去甲醛余气。

2. 硫黄熏蒸法

常用于无金属架的培养室、接种箱、接种室等密闭空间的熏蒸消毒。硫黄用量为15～20g/m^3。使用方法为先加热，使室内温度升高到25℃以上，同时在室内墙壁或地面喷水，使空气相对湿度在90%以上。在磁盘内放入少量木屑，再放入称好的硫黄，点燃，密闭熏蒸24小时后方可使用。由于二氧化硫比较重，因此焚烧硫黄的容器最好放在较高的地方。

3. 气雾消毒盒（剂）熏蒸法

因气雾消毒剂具有使用方便、扩散力及渗透性强、杀菌效果好、对人体刺激性小等优点，而被广泛用于室内的空间消毒，是目前最为普及的消毒方式。一般用量为2～6g/m^3，熏蒸30分钟即可进行接种。使用时取一个大口容器（玻璃、搪瓷、陶器均可），放入适量气雾剂，点燃后立即会产生烟雾。

4.3.3 喷洒消毒灭菌

该法常用于潮湿环境或密封性不好的场所，室内消毒常用的消毒剂及使用方法见表4-1。

室内消毒常用的消毒剂及使用方法　　表 4-1

药品种类	使用浓度	作用范围	使用方法	注意事项
漂白粉	2% ～ 3%	墙壁、地面。对细菌的繁殖型细胞、芽孢、病毒、酵母及霉菌等均有杀灭作用	浸泡、喷洒，潮湿地面可用 20 ～ 40g/m^2 干撒	漂白粉水溶液杀菌持续时间短，应随用随配
克霉灵	每 50g 加水 10 ～ 15kg	菇棚内壁及床架	喷雾器均匀细致喷洒棚内壁及床架，然后封闭 30 分钟	
过氧乙酸	1%	接种环境、培养室、栽培环境等	喷雾或熏蒸 5 ～ 10 分钟	原液为强氧化剂，具有较强的腐蚀性，不可直接用手接触
来苏尔	1% ～ 2%	皮肤、地面、工作台面	涂抹或喷洒	如需加强杀菌效果将药液加热至 40 ～ 50℃使用
苯酚（石炭酸）	3% ～ 5%	接种用具、培养室、无菌室等	喷雾	配制溶液时，将苯酚用热水溶化。若加入 0.9% 食盐可提高其杀菌力。使用时因其刺激性很强，对皮肤有腐蚀作用，应加以注意
石灰	5% ～ 10%	培养室、地面	喷洒或洗刷	一定要用生石灰，因熟石灰易吸二氧化碳成碳酸钙，而失去杀菌效力

4.4　固体菌种的扩繁与培养基配方

4.4.1　母种的扩繁与培养基配方

1．母种的扩繁

无论是从子实体分离选育出的母种，还是从有关育种单位引进的母种，一般地讲数量均很少，不能满足生产的需要，因此要进行试管种扩繁。母种的扩繁方法主要为斜面母种转管接种培养和培养皿接种培养。在接种前，将准备好的灭过菌的空白斜面试管放入无菌室和接种箱内。斜面母种转管时，管口不得离开酒精灯火焰形成的无菌区；培养皿接种时，培养皿只能打开一条小缝，并以酒精灯火焰封锁缝口，切勿使试管、培养皿内培养基暴露在无菌区外。目前生产中培养皿扩繁菌种应用较少，图4-1为试管扩繁的操作情况。

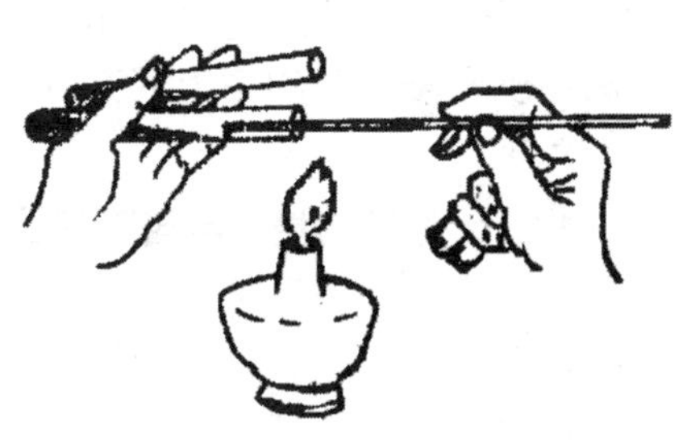

图 4-1　母种的扩繁接种方法

生产母种要求严格，绝不允许混有杂菌，否则会造成经济损失。在母种繁殖时，应一次多繁殖些，最好不要多次转管继代繁殖，以免造成菌丝生活力削弱和菌种退化，致使生产率降低，影响母种的产量和质量。

从冰箱中取出母种使用时，应特别注意检查试管棉塞上有无霉菌斑点，如有污染均应淘汰。母种扩繁是挑取自选或引进的母种菌丝体，将其接种在试管中的琼脂斜面的中央，并将试管置于25℃环境下进行培养。菌丝长满斜面后即可使用，如暂时不用，应再放置于4℃的冰箱中保存。

2．培养基配方

配方一：去皮马铃薯200g，壳斗科树枝100g，葡萄糖（或蔗糖）20g，磷酸二氢钾2g，琼脂20g，维生素C10g，硫酸镁0.6g，水加至1000mL。

配方二：去皮马铃薯230g，硬杂木树枝100g，白糖20g，琼脂23g，水加至1000mL。

3．培养基的配置方法

将选择好的马铃薯，洗净削皮（已发芽的要挖去芽穴）后切成薄片，同时称取杂木树枝一并放入普通锅中，加水1000mL，加热煮沸30分钟，然后把树枝捞出，将马铃薯捣碎复煮10分钟，再用4层医用纱布过滤取滤液。然后向滤液中放入琼脂并慢火加热使琼脂全部溶化，在加热过程中不断搅拌，另再添加糖等其他成分搅拌至溶化，最后补水到1000mL，调pH（用5%的稀盐，0.5%氢氧化钠）到5.6。然后进行培养基分装，装入量约为试管长度的1/5，塞上棉塞，以10个为一组，覆盖上牛皮纸用线绳扎成把，放入高压锅内于10磅的压力下灭菌20分钟。灭菌后的试管要摆放成斜面。

4.4.2　原种的培育与培养基配方

获得优良的纯母种后，为了满足栽培种的需要，应选择菌丝健壮洁白，生长旺盛、无老化、无杂菌感染的母种进行下一级的原种培育。

1．培养基制备

杂木屑78%（质量百分比）、麸皮（或米糖）20%、石膏1%、白糖1%。

先按比例称量木屑、麸皮、石膏，称好堆放在一起充分拌匀。按比例称取白砂糖溶解在水中，再把此水加进拌好的料里，然后慢慢加入生活饮用水，并不断搅拌至用手抓起培养料用劲一捏后，指间能挤出水印但不滴下即可。

2．装瓶灭菌

将拌好的培养料装入750mL菌种瓶内，装料松紧适宜、上下一致，装料高度以齐瓶肩以下为好。然后用直径为1～1.5cm的锥形木棒在瓶的中央向下插一小洞穴，将附着在瓶口的培养料用水清洗干净，瓶口塞上专用塞盖或用双层牛皮纸包扎后，在1.4～1.5kg/cm^{2}的压力下高压蒸汽灭菌1.5～2小时，或用大蒸笼、土灭菌灶进行灭菌，但常压灭菌（100℃）的时间要长于12小时以上。

3．接入菌种

灭过菌的培养基，经无菌试验确认已灭菌安全后，即可在无菌接种室内或接种箱内，于酒精灯下，用接种铲挑取黄豆大小的母种，迅速放入原种瓶内的洞穴上，塞上棉塞或盖扎好牛皮纸。接上菌种的原种瓶，应放置在该种适宜的温度环境内进行培养，并要经常观察，如发现有杂菌污染应及时处理，未萌发菌丝的瓶子可重新接种。

4.4.3　栽培种的培育与培养基配方

获得优良的原种后，为了满足大面积生产的需要，应选择菌丝健壮洁白、生长旺盛、无老化、无杂菌感染的原种，再进行下一级的栽培种培育。

栽培种是由原种扩制而成，其培养基的配方参考原种。接种方法是取原种一部分，移植点种在栽培种培养基中央。值此说明，栽培种只限于生产应用，不得再作扩展成下一级菌种之用。

4.5　液体菌种的生产

食用菌作为劳动技术密集型产业，国际竞争力很强。随着国内外市场对食用菌产品需求的增长，生产方式的变革带动了食用菌新技术、新工艺、新设备的开发。近年来，采用深层培养工艺制备食用菌液体菌种用于生产成为研发热点，涌现出了许多关于液体发酵设备生产厂家，同时新闻媒体也对诸多采用液体菌种生产食用菌的方法进行了报道。液体菌种在食用菌工厂化、周年化、规模化生产中的推广应用，对于降低食用菌生产成本、提高产品质量具有显著效果。但液体菌种生产工艺过程涉及菌种筛选、发酵设备的配置，更为重要的是发酵工艺参数控制还须攻关，液体菌种众多应用环节尚待进一步的研究。

4.5.1　液体菌种的主要特点

液体菌种具有固体（颗粒）菌种无可比拟的优势。传统固体菌种生产工艺，一般是由试管母种扩繁成二级种、三级种，生产周期长、污染率高、成本高、需大量人工、管理困难。而液体菌种纯度高、活力强、繁殖快，接种到培养料内流动性好、萌发点多、发菌迅速。其特点可总结如下：

①菌种生产周期短。固体种一般需25～40天，而液体种仅需3～7天。

②接种后，萌发点多、发菌快、出菇周期短。接种24小时菌丝布满料面，3～15天长满菌袋，一般品种10天左右可出菇。

③接种方便、成本低。用液体菌种接种一般每袋成本是1～3分，每人每小时可接800袋以上，提高效益4～5倍。

④适宜工厂化生产。液体菌种可直接作为栽培料进行出菇，大批量生产菌袋。为食用菌集约化、标准化生产创造条件。因此，适宜液体菌种设备的出现，必将在食用菌生产领域引发一场新的革命。

4.5.2 液体菌种的生产设备和技术关键

1．液体菌种发酵设备

虽然液体菌种的优势比固体菌种优越，但是生产液体菌种需要成熟的设备。现在研制开发的工厂化液体菌种发酵设备的温控系统由控制器、电热管等组成；供气系统由空气压缩机、输送管道、空气过滤器等组成；冷却系统由热交换器、进出水管道组成；搅拌系统由射流器、提升管等组成。家庭式的小规模经营可采用三角瓶生产。

2．液体菌种生产的关键技术

任何一种菌种自身的繁衍必须满足其对温度、湿度、需氧量、养分等的需要，同时必须避免杂菌感染。

（1）溶氧量

液体菌种生产中最关键的是培养液中氧的溶解量，因为在菌丝生长过程中，必须不断的吸收溶解其中的氧气来维持自身的新陈代谢。氧气在液体（水）中的溶解量与压力、温度有关，同时与培养液的接触面积、渗透压有很大的关系。因此设计发酵设备时应有效地解决这些问题，如安装射流器使气泡细碎度增加等。

（2）空气过滤

该技术的关键就是保证进入的空气无菌度高，因此必须选择孔径小、材料先进的过滤膜。一般细菌的大小为零点几到几微米（μm），而病毒则更小了，要用纳米（nm）来衡量。所以选择过滤膜时应综合考虑以上因素。当然如果选的太小，成本将大幅度提高。另外环境对于空气的影响很大，在空气压缩机房和制种车间必须保持环境清洁。

（3）培养液

培养液是菌丝生长发育的营养源，要求营养全面均衡。不同的菌种对营养要求偏重不同。配制原料有糖、麸皮、磷酸二氢钾、硫酸镁、维生素、蛋白胨、土豆汁、酵母浸膏等。配制培养液时，先将土豆片、麸皮一起煮熟，将汁液滤出，后加入其他辅料混匀即可。

（4）接种

培养器上端有接种口，也是装料口，将母种并瓶后加入抑菌剂，而后必须在火焰圈的保护下倒入罐体内，要求动作快、操作准确。

（5）环境

如前所述，环境对菌种生产影响很大，过滤器本身不可能把杂菌百分之百地滤掉，减少环境中的杂菌基数是非常重要的，液体菌种母种接入到经灭菌的培养液中只要能形成对杂菌的生长优势就可以抑制杂菌感染，也就是说，液体菌种培养不是建立在绝对无菌的前提下，相反是建立在相对无菌的前提下。就此意义上说，保持环境清洁，减少空气中杂菌基数，对于提高菌种培养成功率意义较大。

3．液体菌种生产工艺流程

（1）空气压缩→过滤→配料→装罐→灭菌→冷却→接种→培养→液体种

（2）试管斜面种→三角瓶液体种

培养期间应注意观察，并做好记录。包括温度、压力、气流量、排出气体的气味等。如遇到停电，排气阀自动关闭或人工关闭来保持罐中处于正压状态。来电后重新启动排气阀继续培养。培养过程中，可随时通过无菌操作进行采样分析，几天后待菌球密度合适（从视镜观察）即可接种。

4.5.3 液体菌种的制作要领

1．液体菌种的培养方法

食用菌液体菌种的生产方式一般可分为电磁搅拌法、摇瓶机法、简易深层发酵（吹氧）法、发酵罐法。采用摇床来生产的摇瓶培养法和用发酵罐来生产的深层培养法常见。深层培养需要一整套工业发酵设备，如锅炉、空气压缩机、空气净化系统、发酵罐等，故投资大，只适用于工厂化的大规模生产。若少量生产，可以用摇瓶培养法。而摇瓶培养投资少，设备技术简单，适合一般菌种厂生产使用。摇瓶机法不仅接种简单，管理方便，而且生产量根据机器的设定而不同，投资2000～3000元即可。

2．液体培养基的营养构成

根据培养基中组成的不同，可分为天然培养基和合成培养基。天然培养基的组成均为天然有机物。合成培养基则是采用一些已知化学成分的营养物质作培养基材料。在生产上，根据工艺将培养基分为孢子培养基、种子培养基及发酵培养基，但无论如何划分，每一种培养基的组成中都离不开无机盐、维生素和植物激素等物质。

（1）无机盐

无机盐可为菌种提供其生长所需的大量元素与微量元素，其对菌种生理过程的影响与自身浓度有关。不同的菌种，对各类元素要求的最适浓度也不同。磷是细胞中核酸、核蛋白等重要物质的组成部分，又是许多辅酶（或辅基）高能磷酸键的组成部分，在食用菌液体发酵过程中不可缺少；生产中常加入磷酸二氢钾以提供磷，加入量大约为0.1%～0.15%。镁在细胞中起着稳定核蛋白、细胞膜和核酸的作用，而且是一些重要酶的活化剂，亦是食用真菌液体培养中不可缺少的营养成分；一般通过加入硫酸镁以提供镁，浓度通常是0.05%～0.075%。钾不参与细胞结构物质的构成，但其可控制原生质的胶态和细胞膜的透性；钙离子与细胞透性有关；钠离子能维持细胞渗透压，并可以部分代替钾离子的作用，这3种物质需求量甚微，若采用天然培养基，可不必另加。硫是菌体细胞蛋白质的组成部分（胱氨酸、半胱氨酸及蛋氨酸中皆含硫）；铁是细胞色素、细胞色素氧化酶和过氧化氢酶的组成部分，亦是菌体有氧代谢中不可缺少的元素。锌、锰、钴、铜锌、锰、钴等离子是某些酶的辅基或激活剂。在配制培养基时应注意，镁和磷的添加不宜过多，否则会带来危害。菌体对锌、锰、钴、铜等微量元素的需求量甚少，一般天然有机原料中均有，不必另加。碳酸钙本身不溶于水，但可以调节培养基的酸碱度。磷酸盐与碳酸钙不宜混合灭菌，否则会形成不溶于水的磷酸钙，使可溶性的磷酸盐浓度大大降低。

碳氮比指碳源及氮源在培养基中的含量比。构成菌丝细胞的碳氮比通常是8:1至12:1。由于菌丝生长过程中一般需50%的碳源作为能量供给菌丝呼吸，另50%的碳源组成菌体细胞，因此培养基中理想碳氮比的理论值为16:1至24:1。在液体培养中以菌丝增殖为目的的培养，通常碳氮比以20:1为宜，但许多菌种也能在较宽的碳氮比范围内生长，不同的菌种所要求的碳氮比可通过试验求得。

（2）维生素

维生素在细胞中作为辅酶的成分，具有催化功能。大多数食用真菌的培养都与B族维生素有关，维生素B_1是目前已知对绝大多数食用真菌生长有利的维生素。其适宜浓度在50～1000μg/L之间。

3．食用菌液体培养基的简易配方与制作

配制液体培养基前，先根据食用菌的不同种类把马铃薯按要求称量、切片，煮到熟而不烂时提取上清液，然后配制3%葡萄糖、1%玉米粉、0.05%硫酸镁、0.1%磷酸二氢钾，最后将马铃薯上清液和上述溶液及水混合即可。此种液体培养基，适用于多种食用菌菌种的培养。

4．液体菌种摇瓶振荡培养技术

培养液配制好后，装入500mL容量的三角烧瓶中，每瓶装量为100mL，并加入1～15粒小玻璃珠，加棉塞后再包扎牛皮纸封口，在1.5kg/cm^{2}压力下灭菌30分钟。取出冷却到30℃以下时，接入一块约$2cm^2$的斜面菌种，于23～25℃下静置培养24小时，待菌丝萌发时再置往复式摇床上振荡培养。振荡频率为80～100次/分，振幅6～10cm。如果用旋转式摇床，振荡频率为200～220转/分。摇床室温控制在24～25℃，培养时间因菌类品种不同而异，一般是在5天左右。培养结束的标准是：培养液清澈透明，其中悬浮着大量小菌丝球，并伴有各种菇类特有的香味。培养好的液体菌种应放入培养箱中保存。

4.5.4　液体菌种的检验和使用

1．液体菌种的检验方法

对液体菌种进行检验可采用感官检查和取样测验相结合的方法。

（1）感官检查

可采用“看、旋、嗅”的步骤进行检查。

看：将样品静置桌上观察，一看菌液颜色和透明度，正常发酵醪液呈黄色或黄褐色、清澈透明，菌丝颜色因菌种而异，老化后颜色变深，染杂菌的醪液则混浊不透明；二看菌丝形态和大小，正常的菌丝大小一致，呈球状、片状、絮状或棒状，菌丝粗壮，线条分明，而染杂菌后菌丝纤细、轮廓不清；三看上清液与沉淀的比例，菌丝体占比例越大越好，较好的液体菌种，菌丝体在瓶中所占比例可达80%左右；四看pH指标是否变色，在培养液中加入甲基红或复合指示剂，经3～5天颜色改变则说明培养液pH到达4.0左右，为发酵点，如果在24小时内即变色，则说明因杂菌快速生长而使培养液酸度剧变；五看有无酵母线，如果在培养液与空气交界处的瓶壁上有灰色条状附着物，说明为酵母菌污染所致，此称为酵母线。

旋：手提样品瓶轻轻旋转一下，观其菌丝体的特点。培养液的黏稠度高，则说明菌种性能好；稀薄者表明菌球少，不宜使用。菌丝的悬浮力好，放置5分钟不沉淀，表明菌种生长力强；反之，如果菌丝极易沉淀，说明菌丝已老化或死亡。菌丝大小不一、毛刺明显，表明是供氧不足；如果菌球缩小且光滑，或菌丝纤细并有自溶现象，说明污染了杂菌。

嗅：在旋转样品后，打开瓶盖嗅气味。培养好的优质液体菌种均具有芳香气味；而染杂菌的培养液则散发出酸、甜、霉、臭等各种异味。

（2）取样测验

可取液体菌种进行称重检查和黏度检查；生长力测定和出菇试验；化学检查包括测pH、糖含量和氧含量等；显微检查包括细胞分裂状态观察、普通染色和特殊染色等。

2．液体菌种的使用

方法为取一支100mL注射器，去掉针尖，换一根内径1～2mm、长100～120mm的不锈钢钢管，制成一个菌种接种器。使用前，洗净接种器并用纱布包进行高压蒸汽灭菌，冷却后即可抽取液体菌种进行接种。经灭菌、待接入菌种的原种瓶，先要在无菌条件下去掉棉塞，并改换无菌薄膜包扎瓶口。接种时，将针管插入瓶口上的薄膜，每瓶接种量为10～15mL，要注意使液体菌种均匀分布在培养基表面，拔出针管后要立即用胶布贴封针孔，竖放在培养室的床架上进行培养。培养时根据不同的菌种设定适宜的温度。

液体菌种在作栽培使用时，瓶栽的每瓶接种量为10～15mL；塑料袋栽的每袋接种量为：小袋10～15mL，大袋的20～30mL；开放式床栽的，每平方米接种量为500～1000mL，此时不需要接种针筒，可直接均匀洒在培养料面，或进行穴播。

4.6　菌种的保存和复壮技术

4.6.1　琼脂斜面菌种保存法

先将琼脂放入热水中融解，然后分装于试管并加上棉塞，进行高压灭菌。灭菌后置40℃烘箱中一天，以挥发灭菌时进入的水蒸气，然后以无菌操作程序，将要保存的菌种移植在新配制的琼脂斜面上，再在10～16℃下培养菌丝长满整个试管内的斜面。此种保存方法保存的时间不可太长，一般可保存菌种3个月左右。

4.6.2　液体石蜡保存法

先将液体石蜡分装于试管内加上棉塞，进行高压灭菌，灭菌后置于40℃烘箱中1～2天，以挥发高压灭菌时进入的水蒸气，然后以无菌操作程序，将灭菌的液体石蜡倒入要保藏的试管斜面菌种上，用量要高出斜面尖端约1cm，将棉塞齐口剪平用固体石蜡再封口，垂直放置。本法保藏期为3年或更长时间，但最好能1～2年转管一次。该方法可在常温下保藏母种。

4.6.3　天然“寄主”保存法

在野外山林或菇场，选择没有杂菌侵入的幼龄菇耳木段，放在阴凉处风干后，用无菌的牛皮纸包裹后，悬挂在向阳通风处，切勿雨淋、烟熏、阳光直射。此种方法，菌丝在菇木内可存活1～2年。接种使用时，只要先将“寄主”菇木表面用75%酒精消毒，再剖开菇木寄主，用解剖刀挑取少量木屑，接入原种培养基即可。

4.6.4　低温冰箱保存法

在生产及科研中，试管斜面积小，便于制作、携带及移管操作，接入菌种后的试管以存放在4℃冰箱中最好。但需3～6个月移转管一次。放入冰箱的菌种要做好卡片记载，注明菌种来源、分离方式、移种次数等。

4.6.5　菌种的退化和复壮

菌种通过一定时期的保存，菌株都会老化、退化变异。若是菌丝发生角变、产生白色浓密的角形菌落，或是菌丝越长越稀疏，这样的菌种用于生产，会影响菌丝体进行物质的分解与转化，进而影响子实体的产生与发育，从而导致菌种的生产能力下降。鉴此，菌种的复壮工作非常的重要。

如果菌种的异常是因老化引起的，可将菌种转管于新管培养，菌株生长即能恢复原状。若菌种的异常是因退化而引起，这时就得对菌株进行选优分离复壮，经转管培养后，使其恢复到原菌株生长的状态。同时，对该菌株马上采取人工栽培，再对子实体进行孢子分离或组织分离接种，使菌丝体恢复到原菌株的优良状态。

第5章　常见食用菌的生产技术

5.1　香菇

香菇营养介于肉类与蔬菜之间，其含有40多种酶、8种氨基酸及丰富的维生素和无机盐，是预防人类糖尿病、佝偻病、高血脂和肿瘤的保健食品。

5.1.1　香菇的菌物学基础知识

香菇在菌物分类中隶属于真菌门、担子菌纲、伞菌目、口蘑科、香菇属。香菇子实体由无数菌丝交织体组成。菌丝由孢子萌发而成，白色、呈绒毛状、具横隔和分枝，菌丝不断生长繁殖，相互集结呈蛛网状。菌丝体是香菇的营养器官，取香菇的任何组织在适宜的条件下培养，都可萌发出新的菌丝。菌丝不断生长后，一部分菌丝在适当条件下发育分化成子实体，另一部分菌丝老化后形成黑褐色菌膜，这种菌膜与香菇菌盖外部是同一种物质。香菇子实体见图5-1。

图 5-1　代用料上生长的香菇

香菇子实体是由菌盖、菌褶、菌柄三部分组成。子实体是香菇的繁殖器官，相当于高等植物的果实，子实体上面产生的孢子即为种子。菌盖是菌褶的依附和保护器官，颜色和形状随着菇龄的大小、受光的强弱及其营养的丰缺而有差异。幼时盖缘内卷呈半球状，边缘有淡褐色纤维状毛的内菌幕；成熟时菌褶平展，边缘向内微卷；过分老熟时则向上反卷。菌盖表面呈淡褐色、茶褐色或黑褐色，往往披有白色或同色的鳞片，有时如遇特殊的干燥环境，还可产生龟裂或菊裂现象，这便是我们常说的“花菇”（图5-2）。

图 5-2　原段木上生长的珍品花菇

菌褶是孕育担孢子的场所，生于菌盖下面，成辐射状排列，白色，呈刀片状或上有锯齿，褶片表层披以子实层，其上有许多担子，在担子上生有无数的孢子。

菌柄是支撑菌盖、菌褶和输送养料、水分的器官。生长于菌盖下面的中央或偏中心的地方。菌柄坚韧、中实，圆柱形或上扁下圆柱形，其粗细和长短因温度、养分、光照和品种的不同而异。菌柄上部白色，局部略呈红褐色。幼小时柄的表面披有纤毛，如若干燥则表面呈鳞片状。菌环顶生，易消失。

香菇的子实体单生、丛生或群生。

5.1.2　香菇的生长条件要求

1．营养

香菇是一种木腐菌，在原木段中，菌丝除了吸收可溶性物质外，主要是利用木质部中的木质素作碳源，利用韧皮部细胞中的原生质作氮源，利用沉积于导管中的有机或无机盐作矿质营养；因此，选择边材发达、心材较软小原木段，极有利于香菇子实体的生长发育。在培养基中，适合香菇菌丝生长的碳源以单糖最好，双糖次之，淀粉最次；氮源以有机氮最好；矿质营养以碳酸钙、磷酸二氢钾等为主。

在木屑栽培中，培养料内加入米糠、麸皮、糖、微量元素等营养物质，不仅可满足菌丝的生长需要，也有利于后期子实体的连续发生，达到高产的目的。香菇菌丝能利用有机氮和铵态氮，不能利用硝态氮。在有机氮中，能利用氨基酸中的天门冬氨酸、天门冬酰胺、谷氨酰胺，不能利用组氨酸、赖氨酸等。

2．温度

温度是影响香菇生长发育的一个最活跃、最重要的因素。孢子萌发温度一般在13～32℃之间，最适温度23～28℃。低于10℃和高于32℃生长不良；35℃停止生长；38℃以上死亡。原木段栽培时，由于木材的保温作用，菇木内的菌丝可忍耐比气温更低或更高的温度。当气温低到－20℃和高到40℃时孢子仍可保持长时间的生命活力。

香菇原基在8～21℃分化，以10～20℃分化最好。当气温和水温相差10℃以上时，把成熟的菇木浸入水中若干小时，给予温差、湿差、排除草酸、造成无氧呼吸等刺激，可以促使香菇分化，这目前是提高香菇生产的一个有效措施。

子实体发育温度为5～25℃，适温为12～17℃。香菇子实体在8～20℃适温范围内发育慢，但质量好，不易开伞，厚菇多；在28℃以上时香菇发育快，但质量差，质地柔软，易开伞，薄菇多。

香菇品种不同，对温度的要求也有所差异。目前将常用于栽培的品种按适宜出菇的温度范围分成3种类型，即高温型、中温型和低温型。

①高温型：出菇适温为15～25℃，适宜夏、秋出菇。

②中温型：出菇适温为7～20℃，适宜秋、春出菇。

③低温型：出菇适温为5～15℃，适宜冬、春出菇。

3．水分

水分是香菇生活的首要条件。外界的营养物质只有溶解于水，才能通过香菇的细胞壁渗透进入细胞。所有的代谢产物也只有溶解在水中，才能排出体外。水分不足或过多会阻碍香菇的生长发育，但在不同的发育阶段，香菇对水分需求的差别也较大。菌丝在木屑培养基中，最适培养基含水量是60%～65%；在段木中最适宜的含水量是35%～40%，空气相对湿度以70%为宜。子实体发生阶段，菇木含水量应增加到50%～60%，空气相对湿度以85%～90%为宜。在生产上把采过菇失掉了大量水分的菌棒、菌袋浸入冷水中，提高其含水量，使其产生温差和湿差，来促使菇蕾的发生，并通过浸水时间长短来控制菇蕾发生的数量。

4．空气

香菇是好气性伞菌，足够的氧气是保证香菇正常生长发育的重要条件，空气不流通、不新鲜，呼吸过程则受到阻碍，菌丝体的生长和子实体的发育也受到抑制，甚至造成死亡。缺氧时，香菇的菌丝借酵解作用暂时维持生命，但消耗大量的营养，菌丝易衰老，甚至很快死亡，而霉菌或其他杂菌都喜欢这种空气不流通的环境；因此，选择菇场和建造菇房时，必须注意通风条件，才能得到好的收成。

5．光照

香菇虽然不进行光合作用，但是强度适合的漫射光是香菇完成正常生活史的必备条件。香菇菌丝的营养生长阶段不需要光照，光照会抑制香菇菌丝生长，在黑暗条件下，菌丝生长最快；在明亮的环境中菌丝易形成褐色的被膜，直射光对香菇菌丝有抑制作用和致死作用。在香菇的原基形成阶段，光照过强或过弱都不利于子实体发育，散射光可以促进色素转化和沉积，没有光线决不能形成子实体；分化后的原基在暗处有徒长的倾向，子实体盖小、柄长、色淡、肉薄、质劣。

5.1.3 原木段生产技术

1．选用优质菌种

应选用朵大肉厚的良种。优质成熟的菌种有子实体原基出现。

2．择场、选树与截段

菇场选择坐北朝南、向阳背风、近水源的缓坡林缘开阔地带，切勿老菇场连续使用。农户在做好“菇林”保护发展、资源可持续利用的同时，可合理间伐，或在树干1.3m以上剃下直径6～12cm的青冈树枝，截成长1～1.4m的木段，集中码堆，备用于香菇栽培。

3．木段灭菌处理

接种前用10%的草木灰浸提液或5%的生石灰水喷淋原木段，进行灭菌处理。

4．严格控制接种质量

接种时行距10cm、穴间距4～5cm。接种用接种锤，打孔深度2cm以上，将菌种塞入原木段上打好的孔中，将菌枝钉紧、锤平。

5．边接种边码堆

接种后的菇木棒，不要乱摊放，应及时堆垛，垛码高度不超过1.5m。

6．加强发菌管护

接种后码堆的菇木棒，最好要用无污染的树种枝梢覆盖，每10天翻堆一次，共翻3～6次。每次翻堆时，要严格检查菌丝的生长、病虫害和水分情况。

7．清杂与排场

清理场地环境卫生，铲除高杆、有害杂草并烧毁，以杀虫灭菌。然后，将发好菌丝的菇木棒，顺着坡面平铺于地表。菇木棒间距10cm，每7～10天将菇木棒翻身一次，遇旱每天下午喷水补湿。经40多天时间，如有80%以上的菇蕾基本形成时，便可起架出菇。

8．起架与管理

平地采用“人”字形，南北走向。陡地采用单排侧卧式。菇木棒间距8cm左右。春、夏季起架角度要平，秋季雨水多起架角度要陡。遇干旱早晚勤喷水。每次采收后，暂且停止喷水3～5天，待伤口愈合再进行喷水。每采收一茬菇，要将菇木棒掉转头和翻身一次，以提高香菇的产量和质量。

5.1.4　代料生产技术

1．栽培季节

香菇属变温结实性蕈菌。一般10月至下年3月上中旬最适宜栽种，此时日夜平均温差在3～8℃，适宜于菌丝体扭结形成菇蕾，促使子实体迅速生长发育。

2．品种选育

在生产中，必须认真选育抗病虫害和杂菌能力强，适应当地气候、水文和地质条件，具有高转化率且子实体形态好的良种。

3．原材料准备与配制

用木屑作代料栽培香菇，营养基质是根据香菇菌丝生长和发育过程所需要的木质素、纤维素、淀粉、糖类等碳水化合物和含氮化合物，以及微量的矿物质等，按一定比例进行科学搭配制成的。

配方之一：木屑100kg，麦皮15kg，棉籽壳22kg，白糖1.5kg，石膏粉2.5kg，石灰5kg，水115～125kg。

配方之二：棉籽壳120kg，米糠18kg，白糖1.5kg，石膏粉2.5kg，磷酸二氢钾0.1kg，石灰5kg，水120～125kg。

4．制袋、装袋工艺

（1）制袋：选用宽22～25cm、厚0.04mm以上的聚乙烯或聚丙烯专用袋。如若使用筒袋，可购以上质量的筒袋，自制时裁截成长度为55cm的小段，将其一端折叠后用线绳扎紧，再在酒精灯或蜡烛光上燃熔结成圆头，达到密封的效果。再制58cm长套膜，一端折叠后用线绳扎紧，待灭菌后与接种了的栽培袋套用。

（2）装料：用手工装料时指甲要剪平，料内要作到无尖刺物存在。不用有孔洞的袋子装料。每袋当装料1kg左右时，要用力把料压紧、压实，然后用手再装再压，直到装够2.5kg左右的分量为止。即使料袋装满的长度达到38～40cm，留出空间长度15～16cm。装料时不能造成筒袋裂隙或漏洞。装好的料袋，抓棒在手里坚挺、无松软感，但不可太紧实。

（3）扎袋：在扎袋前，必须擦净袋扎口内壁部粘着的培养料。紧靠料面水平扎袋。先直扎，再拧扭袋膜一圈折转回扎，防止扎不紧后造成“水袋”或杂菌侵入。

（4）堆运：装好的筒袋要轻拿轻放。在堆积筒袋的地面，要铺上编织袋、麻袋、篷布等物，以防硬尖物品刺破料袋。在搬运料袋时，要防止摔碰。检查料袋达标即可入锅灭菌，如若有划破处，可粘贴胶带。

5．装锅灭菌

（1）装锅

①作业人员要按“川”字形平直叠排放菌袋，上下一定要对齐扎口，严防交叉封堵气道。如“井”字形排列，袋与袋之间要错开排放，以留出通气道。

②锅内的水平面与箅子之上的料袋距离，原则不少于30cm。

③从拌料开始就要计算时间，一般从原料混合上水，到装袋、装锅、封门、封顶点火应争取在6小时内完成。

（2）灭菌

常压灭菌点火后，要求在6小时内达到100℃，若长时间达不到100℃，袋内的培养基材料会发生变化，料内微生物在低温下大量繁殖，使环境pH呈酸性。超过10小时达不到100℃，锅内耗水严重，培养料吸水时间过长而形成“水袋”，灭菌将难成功，香菇接种后难以成活。

锅内温度上升到100℃时，要保持16小时。若温度上升慢，要用鼓风机加速火力。培养基材料颗粒粗时可延长到20小时。如锅内温度超过100℃，可停止鼓风，只加燃料，恒温即可，以免引起料袋薄膜损伤或锅体爆裂。土法灭菌灶在升温灭菌期间，要及时向锅内补充95℃以上预热水，严防冷水入锅或烧干锅。

（3）出锅

①停火后当温度降至60℃时可出锅，将料袋移入经消毒处理的无菌培养室冷却。

②出锅后的料袋，绝不能与带杂菌的物体接触。

③在夏秋暑热天，料袋运入消毒室码堆散热时，要迅速打开排气扇通微风进行降温处理，以备接种。

6．菌丝体的接种与培养

（1）接入菌种

经过灭菌后的培养袋，待料温降到28℃时，在无菌的条件下进行打穴接种，一个袋打4个穴，接种深度3～4 cm，将菌种块塞入基质内。接种后即套上外袋，扎好培养袋。若两头接种，可不套外袋。

（2）培养菌丝体

接种后的香菇菌袋，应及时移入25～28℃的发菌室内进行培养。26天后要检查和翻堆。这一阶段，经过生长繁殖，菌丝量大大增加，即可解松外套袋口。当菌丝体逐渐进入生理成熟阶段，如果继续给予恒定的温度，菌丝将会保持活跃状态，难以形成子实体。所以在菌丝健壮并达到生理成熟时，应有计划地脱去外套

图 5-3 优质木屑代用料上形成的香菇

袋子，并进行低温诱导，这样菌丝就会相互交织扭结成盘状组织，顺利地由原基转化发育成菇蕾。

7. 菇场管理

(1) 排场开口

菌丝体培养到60天后，将变成棕褐色树皮状的菌筒，这时将菌袋搬进由遮阴棚、塑料膜搭成的双棚内的立体架上，摆平放置，待菇蕾显示即在菌袋薄膜上划出“圆形”或“十字形”开口，放出香菇子实体。为了促生优质菇，可将畸形菇剔除。

图 5-4 逆境下形成的花菇

(2) 出菇管理

香菇子实体发育阶段，所需的光线、温度及湿度等条件与菌丝生长阶段的要求不一样，不同条件下产生的香菇质量也大不一样（图5-3）。在温度、湿度逆境情形下，产生的花菇（图5-4）率比普通香菇的比例要高得多，所以在管理工作中，必须根据具体情况和商品要求灵活掌握。一般普通香菇要求日温度大于20℃、湿度大于60%。花菇则要求温度、湿度较普通香菇低，茶色花菇的温度小于16℃、湿度小于40%，而白花菇还需要一定的干湿比和微风作刺激。总之，秋季菇、冬季菇和春季菇的菌丝状态及气候条件不同，在管理措施上，也应各有侧重。

5.1.5　采收及加工

1．采收标准与方法

无论是原木段还是代料栽培的香菇，一般外销出口鲜菇应菌膜不破、不露菌褶时采摘；干制香菇是生长出白花纹后，菌伞尚未完全张开，菌盖边缘内卷，菌褶见伸展时采收。内销菇当香菇呈半球状或有展开下垂的伞盖后，在菇盖膜幕拉开50%～80%时进行采收。规模化生产可根据成熟度分期收获，一般采老留嫩。采收时手只抓菇柄，不触菌盖，不伤基质，不留菇脚，不损菇体。

2．采菇工具与注意事项

采收器具要洁净卫生。鲜菇采收不能用大箩筐或塑料袋盛放，以免挤压及通风不良，使香菇变形变色，影响质量。鲜菇应用小箩筐或小篮子盛放，下衬牛皮纸或纱布，轻放，不能挤压，以保持鲜菇完整。其外销商品菇采收时，还应注意手指只能接触菇柄，不能擦伤菌褶及菌伞边缘。

3．分类加工

鲜菇采收后，必须按大、中、小3种类型分等，同时分类型进行加工。

4．烘干脱水干制方法

（1）边采收边烘烤

干燥时预先将烘干箱或烘干室加热至48℃，以排出湿潮空气，然后将鲜菇放入并分类排列。大型菇排列在下靠近热源面，中型菇置中层，小型菇在上层离热源远些，这样可以达到均匀脱水的目的。

（2）严格掌握温度

温度要先低后高，均匀上升。晴天采收香菇从45℃开始加温，而雨天采收的香菇则从40℃开始加温至55℃，最高不能超过60℃，加温速度为每小时升高1～3℃。每小时加温速度超过5℃时，菌褶零乱成波浪状，菌伞边缘卷曲不规则，使菇外形受到破坏甚至碎裂。烘干室必须设有电动抽排气装置，以免造成水分滞留，导致菌褶变黑。

(3) 采用复烘法进行烘干

香菇烘干至八成后即需出菇，存放若干小时，再“复烘”3～4小时，这样可以使香菇干燥均匀、不碎裂、香味亦佳。

(4) 烘烤的热能最好来源于电热、蒸汽热或远红外加热。采用木材炭火或煤时，必须做到不漏烟，使热量分布均匀。

(5) 烘干晾晒香菇的场地和储存容器等应干净卫生，符合绿色食品生产的要求。并需在35～50℃条件下，干燥至手抓作响时取出，待冷却后置适宜容器中密封。对烘制好的香菇，千万不得裸露存放，以免返潮、落菌、虫蚀，造成烘干失效的后果。

5.1.6 质量分级与贮存

1. 质量要求

外观：菇形完整，菌肉丰满，菌盖棕褐色或茶色，菌褶米黄色。

气味：香菇特有的浓郁味，无异味。

霉变菇：无。

虫蛀菇：≤1%。

杂质：无香菇以外的杂质，菇体碎屑不超过3%。

水分：干香菇≤13%，鲜香菇≤80%。

2. 分级

一等：菇盖直径6～8cm，形状圆正，边如铜锣，菇肉厚度纵切面0.8cm以上。菇面光泽，菇褶条纹清晰，菇柄长1.5cm，含破边菇≤1%。

二等：菇盖直径4～5.9cm，形状较圆正，边如铜锣式，菇肉厚度纵切面0.6cm以上。菇面有光泽，菇褶条纹清晰，菇柄长1.5cm，含破边菇≤3%。

三等：菇盖直径2～3.9cm，形状基本圆正，边如铜锣状，菇肉厚度纵切面0.4cm以上。菇面较有光泽，菇褶条纹较清晰，菇柄长1.5cm，含破边菇≤5%。

统菇：菇盖直径2～10cm，形状半球状、平展或基本圆正，边如铜锣或开伞，菇肉厚度纵切面0.4～10cm。菇褶条纹清晰至半清晰，菇面略有光泽，菇柄长1.5cm，含破边菇≤8%。

薄菇：菇盖直径8.1～12cm，形状平展或基本圆正，菇边开伞，菇肉厚度纵切面0.2～10cm。菇褶条纹半清晰，菇面缺少光泽，菇柄长1.5cm，含破边菇≤10%。

菇丁：菇盖直径2cm以下，形状基本圆正，菇柄长1.5cm，不含破边菇。

3．贮存

仓库保持通风、干燥、避光、无污染，并且有防鼠、虫、禽畜的措施。不应与其他有毒、有害、易串味物质混放。做到定期检查，以防发霉、虫蛀、变质。

5.2　平菇

平菇味道鲜美，含有一定量的钙、磷、铁、钾、锌等矿质元素，游离氨基酸和谷氨酸含量丰富，现已经成了人们菜篮子中不可缺少的食品。

5.2.1　平菇的菌物学基础知识

平菇隶属于担子菌纲、伞菌目、白蘑科、侧耳属。平菇子实体由菌丝体组成。菌丝体是白色、多细胞分枝的丝状体。子实体丛生或叠生，分为菌盖和菌柄两部分。菌盖呈贝壳形或舌状，褶长、较密。子实体开始形成时，菌褶一直裸露在空气中，没有菌膜包围，菌褶似小刀片，由菌盖一直延伸到菌柄上部，形成脉状直纹。菌柄偏生或侧生于菌盖一侧，白色，中实，柄着生处下凹。孢子圆柱形，无色，光滑，一朵平菇可产数亿孢子，从菌褶上弹射出来，完成一个生活周期。平菇子实体见图5-5。

图 5-5　野生平菇

5.2.2　平菇的生长条件要求

1．营养

平菇属木质腐生菌类，分解木质素和纤维素的能力很强，在其生长发育过程中，所需要的营养物质主要为纤维素、半纤维素以及淀粉、糖等，也需要少量的有机氮。

2．温度

平菇为低温型菌类，菌丝的适应性较强，在5～35℃的范围都能生长，以24～27℃条件下生长旺盛、健壮；而在7℃以下生长缓慢，但其耐寒力很强，即使在－30℃下菌丝冻僵也不会死亡。平菇子实体的形成要求温度较低，以10～15℃子实体生长迅速，菇体肥厚；而在较高温度下，易长成畸形菇。昼夜温差大，有利子实体的形成和生长。

3．湿度

平菇生长要求较高的湿度，野生菇常于多雨、潮湿的环境下生长。菌丝阶段要求培养基的含水量为60%～70%，如果低于50%，菌丝生长缓慢，而含水量过高，料内空气缺少，也会影响菌丝生长。子实体生长要求空气相对湿度85%～90%。低于85%子实体发育缓慢，瘦小；高于95%，菌盖易变色，腐烂。

4．空气

足够的氧气是保证平菇正常生长发育的重要条件，同香菇一样，如果生长环境中的空气不流通、不新鲜，呼吸过程则受到阻碍，菌丝体的生长和子实体的发育也受到抑制，甚至造成死亡。菌丝和子实体生长都需要新鲜空气，而子实体发育阶段对氧气的需要量最大，宜有通风良好的条件。空气中的二氧化碳含量不宜高于0.1%，缺氧时菌丝借酵解作用暂时维持生命，但菌丝易衰老，甚至很快死亡。

5．光照

平菇在菌丝营养生长阶段不需要光线，光线会抑制菌丝生长。尤其直射光对菌丝有致死作用。黑暗条件下，菌丝生长最快，但是适度的漫射光是子实体完成正常生活史的必备条件。散射光可以促进色素转化和沉积，没有光线就不能形成子实体，但光线过强或过弱都不利于子实体发育。

6．酸碱度

平菇对酸碱度的适应范围较广，pH在3～10范围内均能生长，以5.4～6最为适宜。平菇生长发育过程中，由于代谢作用产生有机酸和醋酸、琥珀酸、草酸等，使培养料的pH逐渐下降。此外，培养基在灭菌后pH也会下降，所以在配制培养料时，应调节pH至7～8。如果培养过程中产酸过多，可添加少许碳酸钙，使培养基不致因pH下降过多而影响平菇的生长，在大量生产中也常常用石膏或石灰水调节酸碱度。

5.2.3　生产栽培技术

1．栽培季节与场地

平菇栽培季节不限，可按季节性的温度和市场需求，选择不同的高、中、低和常温品种交叉栽培。生产场地要选择在无污染和远离污染源的地域。因霉菌或其他杂菌都喜欢在空气不流通的环境中生存，因此，在选择菇场和建造菇房时，必须保持栽培场所的空气清洁、流通，以利平菇的正常生长发育，得到好的收成和经济效益。

2．品种选择

选择产量高、抗性强、口感好的品种进行栽培。

3．培养料选择与配方

适应栽培平菇的培养料有麦秆、稻草、玉米芯、玉米秆、棉籽壳、杂木屑等，还有农副产品下脚料。选用的培养料必须新鲜、干净、无霉烂变质、无虫蛀。培养料在使用前，最好经过1～2天的曝晒，以提高生产转化率和减少杂菌感染。在配制时，以下配方中各物质的百分含量均为质量百分比（全书配方同），水分含量一般不超过60%。

配方一：杂木屑50%，麦草30%，玉米粉10%，麦麸8%，石灰2%。

配方二：麦草82%，玉米粉8%，米糠7%，复合肥0.5%，石灰2.5%。

配方三：苹果叶80%，阔叶树枝条10%，米糠9%，石灰1%。

配方四：稻草90%，麦麸8%，石灰2%。

配方五：玉米芯77%，米糠20%，过磷酸钙1%，石灰2%。

配方六：黄豆秆70%，麦麸10%，玉米秆粉17%，硫酸镁0.5%，复合肥1%，石灰3%。

4．培养料灭菌方法

（1）熟料法

①高压灭菌：将培养料搅拌均匀后，置高压锅内在1.5kg/cm^{2}的压力下灭菌100～120分钟。

②常压灭菌：将培养料搅拌均匀后，置聚乙烯筒袋中装料绑扎，然后于常压灭菌灶在100℃的情况下透蒸10小时。

③煮料：将秸秆等主料放入开水中煮，边煮边搅拌，随后盖严锅盖，沸煮40分钟后捞出，加麦麸、复合肥、石灰等辅料即成。

④烫料：将秸秆等主料放入容器中，倒入2～3倍的开水，边倒边搅拌，浸闷30分钟，然后滤出多余的水分加麦麸、复合肥、石灰等辅料即成。

（2）生石灰水浸泡法

每100kg清水加生石灰2kg，去渣，投入主料进行搅拌，待吸湿后，浸泡24小时，放入筐内用清水冲洗，使pH降至7～8，榨去多余的水分，然后拌入辅料。

（3）发酵法

将主料浸入水，加入2%的生石灰和5%的多菌灵搅拌匀。将搅拌后的原料堆集在水泥地上，四周盖上塑料薄膜，使料堆温度自然达到60℃以上，发酵48小时后，翻料一次，将上面的料翻往下面再发酵48小时即可。

5．菌种选择与接种

菌种的质量和适应性对产量的影响很大。优良的菌种应该是菌丝新鲜、旺盛、长满瓶、无感染和其他杂颜色。菌龄在30～40天最好，菌龄长，菌丝成活率低。

一般袋栽在高压灭菌和常压灭菌后采用两头接种，方法是把菌种块接入基质内。接种必须在接种箱或接种室内无菌操作的情况下进行。此处可参见上节香菇菌丝体的接种与培养。

5.2.4　培菌与管理

1．摆放菌袋发菌

袋栽平菇在温室内发菌，具有保温性好、发菌快等优点，但若管理不当，易造成杂菌感染和烧菌。将菌袋按“川”字形堆放，层数依室温而定，防止袋内料温过高而烧坏菌种。一般16天后再一层层按“井”字形翻排，堆高6～7层，室温保持在20℃左右，空气湿度在60%～65%，经30～40天即可发好菌丝。

2．蔽口出菇

蔽口是解扎口绳，此时室内相对湿度应保持在85%～90%，湿度过低，损失料内水分，子实体难以形成，影响产量；湿度过大，子实体易腐烂，易孳生杂菌。此时管理的重点是水分，主要是通过向地面、墙壁上喷水来增加室内空气湿度。喷水次数要根据气候条件、室内温度、品种以及菇体大小灵活掌握。下雨天不喷水，晴天每天喷2次，喷水时要结合通风，使子实体上多余水分迅速挥发，否则会影响原基形成，使幼菇大批发黄死亡。

3．适时采菇

平菇通常以菌盖八成成熟时采收为好，即菌盖边缘将展开、孢子还未释放为采收适宜期，一般子实体形成5天即可采收。采收过早，菌盖小，影响产量；采收过晚，子实体失水，边缘破裂、纤维多、菇质差，而且子实体释放孢子，人吸入后会引起过敏反应，有碍健康。第一次采菇后，要及时清理料面，去掉菇根和老菌皮，先停水1～2天，然后增加菌袋水分，让其继续出菇。出两批菇后，料中有效养分已缺乏，为保证后批菇的正常生长，应给培养料适当增添营养。如在水中加入有机营养液，则还可以采收第三茬菇。

5.3　黑木耳

黑木耳（图5-6）属胶质菌，能够清涤人肠胃中的纤维和积败食物。黑木耳中维生素B_2的含量是大米、白面和大白菜的10倍，铁质的含量比肉类高100倍。同时，其还具有润肺和清涤胃肠的药用功效，是棉、麻纺织以及矿山工人的保健食品。现已开展代用料生产及多年大规模人工栽培。

图 5-6　原段木上生长的野生黑木耳

5.3.1　黑木耳的菌物学基础知识

1. 分类地位与形态

黑木耳在菌物分类学中，隶属于真菌门、担子菌纲、异担子菌亚纲、银耳目、木耳科、木耳属。黑木耳子实体呈胶质，浅圆盘形、耳形或不规则形，新鲜时软，干后收缩变硬。子实体表面光滑或略有皱纹，红褐色或棕褐色，干后呈深褐色至黑褐色。野生黑木耳生于栎、榆、杨、榕、洋槐等阔叶树上，或腐木及针叶树冷杉上，密集成丛生长。与黑木耳同属的还有毛木耳和皱木耳。但毛木耳的毛长，无色，仅基部褐色；黑木耳的毛短；皱木耳的子实层皱褶明显，有网格。

2. 黑木耳的生活习性

黑木耳喜欢散射光，对温度的适应范围较广，菌丝在10～35℃中都可以生长，对低温的耐受力较强，短时间的低温不会影响其生活。但在过高的温度和湿度环境中，菌丝容易死亡、子实体会自溶，出现流耳现象。在菌丝生长阶段，段木的含水量以40%～45%为宜，代料栽培的培养料含水量以60%～65%为宜。

3. 生活史

黑木耳的生长发育，大体可分为担孢子—菌丝体—子实体3个阶段。黑木耳成熟后，其腹面子实层弹射出大量的担孢子。它们在适宜环境中萌发，可以直接形成菌丝，也可以产生出芽管，先形成分生孢子，分生孢子再萌发生成菌丝。最初形成的菌丝是多核的，然后形成横隔，把菌丝分为单核细胞。这种单核菌丝称为初生菌丝，是不孕的。两个单核菌丝经异宗结合而双核化，叫作次生菌丝，也称双核菌丝。双核菌丝通过锁状联合方式，进一步分裂发育，从枯木或基质中吸收大量的水分和营养，大量增殖，形成子实体原基，由原基再形成子实体。黑木耳的担孢子有雄、雌的区别，分别表示为“+”和“－”，属异宗结合的菌类，其性别受一对遗传因子所控制，因此，分离母种时要采用多孢子分离法，使两性菌丝结合产生双核菌丝，才能产生子实体。

5.3.2　黑木耳的生长条件要求

1．营养

黑木耳能从枯死的树木和其他基质中获得营养，菌丝在生长发育中，能不断地分泌出多种酶，将木材中复杂的有机物如纤维素、木质素和淀粉等分解成为简单的、易被吸收利用的营养物质。黑木耳对养分的要求是以碳水化合物、木质素和含氮的物质为主，此外还需要少量的无机盐类，如钙、磷、铁、钾、镁等。树木中所含的养分基本上能满足黑木耳的要求，但边材发达和生长在土壤肥沃及阳光充足处的树木，营养更为丰富，用这种树木栽培黑木耳，结耳多、朵大、产量高。利用代料栽培时，应在培养基中添加麦皮或米糠以及石膏和磷酸二氢钾等，以满足黑木耳对营养的需求。

2．温度

黑木耳属中温型菌类，孢子萌发要求温度在22～32℃。菌丝在15～36℃之间均能生长，而以22～32℃为最适宜，在14℃以下和38℃以上生长受抑制；黑木耳菌丝对温度的适应范围较广，特别对低温有很强的抵抗力，即使在严寒的冬季也不致冻死，短时间的温度急剧变化也不影响生活力，但在制种时以22～28℃条件下所培育的菌丝最为健壮旺盛。子实体在16～32℃都能形成和发育，以20～25℃最适宜，25℃以上耳片小、易腐烂，－8℃以上子实体不会死亡。

3．湿度

黑木耳不同的生育阶段对湿度的要求不同。在菌丝生长时期，黑耳木培养料的含水量以60%～70%为宜；在子实体生长阶段，除保持相应的培养料含水量外，黑木耳对空气湿度要求较高，当空气相对湿度低于70%时，子实体不易形成，保持90%～95%的空气相对湿度，子实体生长发育最快，耳片丛大、肉厚。但是黑耳木栽培环境的水分若过多，就会造成通风透气不良，往往会抑制菌丝生长，并使子实体和树皮腐烂。所以，在生产管理中，干湿不断交替是保证黑木耳高产优产的理想条件。

4．空气

黑木耳是好气性真菌，在生长发育过程中，要求栽培场所空气流通，以满足其呼吸作用对氧气的需要，避免霉烂和杂菌蔓延。在制种时，瓶装不宜太满，要留有空隙，培养料的含水量不宜过多，以保持良好的通气性，有利于菌丝的生长。

5．光照

菌丝在黑暗的环境中也能生长，但散射光条件对其生长有促进作用。子实体在黑暗环境中很难形成，在微弱的光照条件下，子实体发育不良，质薄呈浅褐色；在光照充足的条件下，子实体颜色深，生长健壮。黑木耳的耳片只要有较高的湿度，即使有强烈的阳光，也不抑制黑木耳的生长，因此，在生产上要选择阳光充足的地点作为栽培黑木耳的最佳场所。

6．酸碱度

菌丝在pH4～7的范围内都能正常生长，以pH5～6.5为最适宜。pH在3以下和8以上黑木耳的菌丝均不能生长。

5.3.3　原木段栽培技术

1．品种选择

应选择既能适应当地生态条件，又具有酶活力强、朵大、肉厚、单片或菊花型的优质、高产、稳产的良种。接种时应选择有子实体原基出现、无萎缩老化的成熟菌种。

2．耳场和树种选择

耳场应选坐北朝南、向阳背风、近水源的缓坡林缘开阔地带，切忌老耳场连用。红青岗是耳林的专用树种，在做好“耳林”培育的同时，还应合理采伐适龄耳树；要求树龄8～10年，径粗6～12cm，“叶黄砍，四九结束”；砍口呈鸦雀形，剃枝槎口平整，勿伤树皮；截长1～1.4m，集中于耳场“井”字形堆放，伤口刷石灰浆。接种前3天用1%的硫酸铜或高锰酸钾液完全喷淋耳木以进行灭菌处理。

3．接种时间与方法

根据木耳怕热耐寒的特性和冬暖春旱的气候特点，改春种为冬种，可提高成活率、减少病虫害、避开种耳与春播劳力之争，达到早接种早收益的效果。

在接种质量上，种木耳的顺口溜：“三寸远，深打眼，种钉紧，口封严”是很有科学道理的。一根菌棒一般接种3至4排，穴行距10cm×（4～5）cm，接种时使用接种锤，穴深2cm，接种后将菌枝钉紧、锤平。边种边上堆，“井”字形堆垛，垛堆高度1m。

4．发菌管理

冬种要及时盖塑料薄膜，提高堆温；春种要用枝稍覆盖，保温防晒。必须做到定期翻堆。每7～10天翻一次，共翻6次，每次翻堆要注意检查菌丝生长情况、病虫害情况和水分情况，发现问题应及时采取措施补救，以提高菌丝的定植成活率。

5．排场

排场调整耳木水分，促进菌丝向心材生长，提高黑木耳的产量。具体为清理场地、割杂草、杀虫灭菌，将耳木顺坡平铺地上，耳木之间留10cm间隙，使其吸收雨露水气，接受阳光和新鲜空气。每5天左右翻耳木一次。遇旱每天下午喷水补湿。经一个多月时间有80%以上耳芽形成、部分耳片长大时，便可起架。

6．起架

平地起架采用“人”字形南北走向，陡坡地采用单排侧卧式。耳木间距8cm左右，注意春、夏季干旱时架要平，秋季雨水多时架要陡。晴天干燥时应早晚勤喷水，有条件的地方，可创造人工环境，采用雾灌，以提高产量。

5.3.4 代料栽培技术

1．栽培季节

按照品种特性安排季节。黑木耳菌丝以5～22℃生长最适宜，子实体在20～30℃能正常生长。代料袋栽木耳是一项新技术，比原木栽培节省资源且经济，能提高生物转化率。每年1～2月备种备料，3～4月正式栽培，5～6月出耳采收，7～8月进入盛产期，9～10月采收完毕，周期性较短，经济效益较高。

2．培养料的配制

配方1：棉籽壳60%、稻草20%、麦麸13%、糖1%、石膏1%、过磷酸钙1%，石灰粉3%。

配方2：杂木屑77%、麦麸17%、糖1%、石膏1%、过磷酸钙1%，石灰粉3%。

将能溶于水的糖和过磷酸钙等原料先用水溶解，其余原料拌匀后加水翻拌，使原料含水量为60%，即用手握紧培养料，手指缝稍现水，但没有水往下滴为宜。

3．装袋和灭菌

采用35cm×（17～20）cm×0.06cm的聚丙烯折角筒膜装入培养料，边装边压实，每袋装配好的湿料称重约1.5kg，装至袋口约7cm时，用包扎线绳打活结扎好，装完后即上锅进行蒸汽灭菌，在温度升到100℃时保持8～10小时。

4．接种及培养菌丝

灭菌后让其自然冷却至30℃左右，即可在接种箱或在无菌室内进行开放式接种。接种箱（室）用两包气雾消毒剂灭菌。接种是将准备好的菌种块塞入基质内，方法与香菇同，完毕移入培养室置地面或床架上培养发菌。当料袋的菌丝长满后，将扎线套环松开，让新鲜空气进入，以促进菌丝生长健壮，约经25～30天菌丝可成熟。如发现有杂菌感染，则应捡出烧毁，以防蔓延而污染环境。

5．出耳管理

室内栽培黑木耳，等菌丝长满后，除菌袋底层外，用刀片在

图 5-7　代用料黑木耳栽培管理方式

菌袋圆周均匀错开割6～8个“V”形孔，孔经约1cm，然后倒置或正立在垫有地膜的地面上或床架上，每袋间距8cm，床架栽培时可采用多层次床架。室内保持空气流通，每天开窗通风1～2次；同时要有适宜的自然散射光照刺激，黑暗条件下不出耳；每天向地面和空间喷水3～5次，保持空气相对湿度90%～95%。5～7天出现耳芽，一般再经10～15天成熟。有条件的地方可用大田地沟栽培，但要盖草帘拱棚调湿调温。见图5-7。

5.3.5　采收及干制

耳片展开下垂时，可根据成熟度分期收获，采大留小。每隔3～5天采收一次。可晴天晒干销售，也可鲜销。每次采收后停止喷水3～4天，待洞穴伤处菌丝复变成白色时，再用细水雾进行喷洒至耳基完全形成。

5.4　银耳

图 5-8　原木上生长的银耳

银耳（图5-8）又叫白木耳，有润肺、养胃、强心补脑和壮身等功能，是一种高级滋补食品和药材。中国是银耳生产大国，首次栽培记载至今有1800多年。随着制种和栽培技术的发展，银耳产量大幅度提高。

5.4.1 银耳的菌物学基础知识

银耳在分类上隶属于真菌门、担子菌纲、银耳目、银耳科、银耳属，属中温好气性真菌。银耳直接利用纤维素和木质素的能力很弱，依赖于其伴生菌分解大分子化合物，从中摄取养分。在银耳生长过程中，香灰菌的菌丝先向培养料中伸长，吸收培养料中的粗营养物质供应银耳生长。简单地说，香灰菌的菌丝与银耳的生长发育有着密切的关系，在银耳生长中起着开拓先锋作用，伴合的好坏直接影响到银耳环境因素中的物理因素、化学因素和生物因素，进而影响到银耳的生长及产量。

5.4.2 银耳的生长条件要求

1．营养

银耳属于木腐生菌类型。由于香灰菌生长较旺盛，在人工栽培时应向培养料中添配一些营养物质来满足银耳的生长发育。所需的碳源主要有纤维素、半纤维素、木质素、淀粉等；氮源主要有蛋白质、氨基酸等；微量元素主要有磷酸氢二钾、硫酸钙、硫酸镁等。

2．温度

银耳菌丝生长的温度范围为6～32℃，最适宜温度为22～26℃；如长期超过28℃，菌丝生长不良并大量分泌黄水；低于18℃，菌丝生长缓慢。子实体生长最适温度为23～26℃，如长期处于27℃以上，则易导致烂耳。

3．水分

水分是银耳新陈代谢不可缺少的物质，供菌丝生长的培养料，以含水量55%～60%、空气相对湿度70%以下为宜。在子实体生长阶段，要求空气相对湿度达90%以上。

4．酸碱度

银耳是喜微酸性的真菌，菌丝生长适宜的pH为4～8，最适宜的范围为5.5～6；当pH大于7时，菌丝的生长明显减慢。

5．空气

银耳好气性强，在生长过程中吸收氧气排出二氧化碳，因此，栽培过程的各阶段均需要流通的新鲜空气。

5.4.3 原木段栽培方法

1．材料的准备

在山区农民的自有林中，可在红青岗树干1.3m以上，选用10～20cm粗度的树枝，砍作原木段制菌材。剃枝时间以树木进入冬季休眠时最好。制段长度1～1.2m为宜，集堆时应小心搬运，严禁滚木或溜山，避免树皮伤损或原木段劈裂。

2．场地的选择

栽培银耳的场所宜选择在山腰的下半部，一般具有三阳七阴的山间林缘溪畔或是平坦的环境最佳。

3．打孔接种

用特制的冲锤或皮带冲在原木表层按“品”字形排列打眼，根据木料的直径大小，一般一根可打两排或三至四排接种穴。每穴直径1～2cm，深1.2～1.8cm。洞打完后，可用手把已培养好、用于接种的银耳菌种塞入种穴孔洞之中，然后用原树皮盖封好种穴，并用小锤将其敲紧，以防菌种干枯死亡和雨水浸渍。

4．码堆发菌

把接种后的菇木堆垛成“井”字形，上盖塑料膜保温发菌，促进菌丝萌发生长。

5．排场管理

发现木段上长出银耳后，要以“人”字形将原木段排列开，一头着地，另一头架空，使小银耳在适宜的条件下生长发育。如日照时间长、排场地势干燥，可每日在早晨各淋入生活标准饮用水一次，必要时可中午洒水抗旱。

5.4.4 代料生产技术

1．原料配方

配方一：棉籽壳100kg，麦麸20kg，石膏3kg，硫酸镁0.3kg，水100～110kg。

配方二：木屑50kg，棉籽壳50kg，麦麸20kg，石膏3kg，水100～120kg。

配方三：木屑60kg，玉米芯20kg，稻草20kg，麦麸15kg，石膏3kg，水100～115kg。

2．装袋灭菌

将以上原料按比例拌匀后，将pH调为5.8～6.2。接种袋材质的选择、制袋、装料扎袋等环节和要求，可参照香菇执行，在此不再重复。为了避免培养料发酵和产酸而造成基质腐败，必须当日拌料当日装完并封口灭菌。灭菌应在温度100℃情况下维持10小时以上，然后让其自然降温冷却到28℃。

3．接种发菌

接种间要按照无菌条件的要求严格消毒，工作台、各种用具要用消毒液擦拭，接种时瓶袋表面也要用消毒液擦拭干净，然后把菌丝体取出，将块状菌种塞入接种孔。接种好的菌袋，要搬入28～30℃的培养发菌间，7～10天后菌丝体开始向周围的基质中生长，这时空气相对湿度要保持在70%，室内温度应降至24～26℃。接种发菌过程中消毒药剂、消毒时间和无菌条件创造参照第3和4章执行。

4．出耳管理

当接入的菌种体的周围长出一片肉眼可见的菌丝时，室温要降至20～24℃，室内空气相对湿度要提高到80%左右，同时注意室内的通风和空气的对流，防止有害气体停滞室内。室温如果超过25℃时，要向地表面或室外喷水降温。但一次性喷水不宜过多，这要以子实体需要和发育阶段来确定。20天后一般会出现子实体。

5.4.5　采收及加工

不论原木栽培还是代料栽培的银耳，在采收时一定要掌握天时。如采收遇雨，可延迟采收，待天晴收获，以利干制。成熟银耳的子实体形如菊花、牡丹花，瓣片肥美、朵态饱绽，要适时采收。采收过早，影响产量；采收过迟，子实体可能腐烂或降低商品质量和价值。采收时要用锋利的刀片在耳基和料面的接触处切割，并将黄色的耳基切除，但不宜切得使耳片散落，影响朵形和商品外观。采集收拢到一起的银耳要进行清杂整理，过脏的银耳可用水洗干净，放在竹席上晾晒，以去除自身水分。银耳脱水烘干的温度应由40℃逐渐提高到60℃，升温梯度为40℃、45℃、50℃、55℃、60℃。这样烘干的银耳质量好、品质高。

5.5　金针菇

金针菇（图5-9）是一种经济价值很高的食用菌和药用菌。由于它柄长脆嫩、形如针头、味美鲜香、内含丰富的营养及抗癌物质、能促进儿童的智能发育，即被国内外誉为“增智菇”和“保健食品”。

图 5-9　原木上生长出的野生金针菇

人类栽培金针菇已有1000多年历史，是目前世界上人工栽培的四大菇类之一。近几年我国金针菇发展较快，栽培面积和产量不断增加。金针菇在世界各地分布广泛，栽培所用原料丰富、来源广、成本低，栽培技术容易掌握，很适合广大农村栽培。

5.5.1　金针菇的菌物学基础知识

金针菇又名冬菇，隶属于担子菌纲、伞菌目、口蘑科、金钱菌属。金针菇经过长期选育有白色和黄色两个变种。白色变种俗称白色金针菇，其色泽纯白，很适合鲜食，营养价值高，价格也高；黄色变种俗称黄金针菇，其色泽金黄，抗逆性强，产量高。

金针菇菌丝呈白色绒毛状，温湿度条件适宜，即发育形成子实体。子实体就是供人们食用的部分，由菌盖、菌柄组成。商品菇一般菌柄长15cm，菇盖直径1～1.5cm，呈半球形。

金针菇是腐生真菌，满足其栽培过程中对营养物质的需求是获得高产的基本条件之一。在人工栽培条件下，只有基质中有足够的碳源、氮源、无机盐和维生素等，产量和质量才能得到保障。碳源是金针菇生长最主要的营养源；氮源是金针菇合成蛋白质和核酸所必不可少的重要原料。栽培金针菇时，碳氮比要配制适当，才能提高经济效益。在营养生长阶段，碳氮比以20：1为好；在生殖生长阶段，碳氮比以(34～40)：1为宜。金针菇需要一定量的无机盐离子，特别是镁离子、磷酸根离子，它们是金针菇子实体分化所必需的，必须由外界添加才能良好生长，故栽培配料时要注意添加玉米粉、米糠等。

5.5.2 金针菇的生长条件要求

1．温度

金针菇耐寒性较强，各生长阶段对温度要求不同。菌丝生长的温度范围为4～32℃，最适生长温度为22～24℃。4℃以下和30℃以上，菌丝生长缓慢，菌丝在3～4℃时不会冻死，只是生长极为缓慢，如温度回升又会正常生长，超过34℃菌丝死亡。子实体形成和生长的温度范围为5～18℃，以10～15℃对子实体形成最为有利，低于8℃时子实体生长缓慢，高于18℃时子实体很难形成。总之，金针菇适合低温条件，在较低温度下，出菇整齐、菌柄长、产量高。

2．湿度

金针菇是喜湿性菌类，水分是其新陈代谢、吸收营养必不可少的基本物质。在菌丝生长期，培养料适宜的含水量为60%～70%，培养料含水过多或过少都会影响菌丝生长，低于60%时，菌丝生长慢而纤细，高于70%时，菌丝生长受到抑制。同时，在菌丝生长期，空气相对湿度应控制在60%，在此温度下杂菌污染率低。在子实体生长期，培养料的含水量以70%为宜，空气相对湿度应控制在80%～90%。湿度过低，则抑制菇体的生长，并使培养料失去过多的水分；空气相对湿度过高，容易发生杂菌和病害。

3．光照

金针菇基本上属厌光性菌类，菌丝在黑暗条件下能正常生长，弱光下菌丝生长健壮，因此发菌时室内应保持弱光线。子实体在黑暗条件下也能形成和生长，但菇体弱小、纤细、生长缓慢；弱光能促进子实体的形成、生长和成熟；光线过强，则形成菌柄短、开伞早的劣质菇。因此，在实际生产中，必须采用遮光的办法营造弱光环境，促进菌柄伸长和保持鲜嫩，达到优质高产的目的。

4．空气

金针菇喜欢新鲜空气，在生长发育的各个阶段必须要有足够的氧气供给。因此，在菌丝体生长阶段和子实体生长阶段，都应注意通风换气，保持空气新鲜。在实际栽培中提高菌柄长度和抑制菌盖发育，必须增加二氧化碳浓度，但当二氧化碳浓度超过5%时，子实体不能形成。

5．酸碱度

金针菇喜欢微酸性的环境。菌丝体在pH3～8范围内均可生长，尤以5.5～6.5最为适宜。子实体阶段pH以5～6最适宜。

5.5.3　生产栽培技术

1．栽培场所

室内、室外树林，塑料大棚，地道等均可用于金针菇的生产栽培。室内栽培金针菇，成本低，节约时间和劳力。

2．栽培季节

金针菇最适合的栽培季节为10月至次年3月，栽培环境温度以6～10℃最好。

3．培养料配方

配方1：木屑100kg，麸皮15kg，金属镁添加剂0.1kg，石膏1kg。

配方2：棉子壳80kg、麦秆或稻草15～20kg，碳酸钙1kg，过磷酸钙1kg，白糖1kg，石膏1kg。

4．配料装袋、装瓶

将原料充分搅匀后，加水至含水量达60%，即以手捏料，指缝中见水印即可装瓶、装袋。

5．灭菌

装瓶、装袋后要及时灭菌。如使用常压灭菌，开始用旺火升温至100℃保持8小时，保持98℃以上再持续2～4小时。灭菌方法可参照香菇执行。灭菌后，待基质冷却到26～28℃时接种。

6．接种

接种严格按无菌操作程序进行。接种方法是将菌丝体成块地接入基质。接种程序和要求参照香菇。

7．菌丝体培养管理

接种后，将袋移入发菌室培养，保持室温20～23℃，空气相对湿度60%。接种2～3天后，菌丝开始萌发，7～8天向纵深发展，此时室温应降到18～20℃，空气相对湿度提高至65%。为了使温度和湿度保持均匀，菌丝体生长一致，10天后翻堆一次，以防杂菌污染。同时每天通风2次，每次30分钟，后期可适当增加通风对流次数，这样经20～30天菌丝即长满瓶、袋。

5.5.4 出菇管理

待菌丝体培养长满料袋后排场，经20天后，要每天通风10分钟，使空气相对湿度降到60%，温度降到10℃，诱发菇蕾产生。对不出菇的要搔菌。当子实体长到1cm左右，应降温到4～5℃，保持相对湿度75%左右，使之出菇整齐。菇体进入伸长期时，温度控制在10℃，相对湿度控制在85%～90%。另外，当湿度不足时，要向四周喷水，切勿向菇体直接喷水，否则菇体基部颜色变成黄棕色。如湿度过大，就要适时通微风，确保菇体正常伸颈。

5.5.5 采收

子实体生长约15天进入采收期。金针菇的食用部分主要是菌柄，菌柄色泽淡黄，长12～15cm为优质菇。采收时，用手轻握菌柄成丛拔下，并除去根部附着的营养料，及时分级加工或销售。

5.6 鸡腿菇

鸡腿菇（图5-10）因形似鸡腿、味似鸡肉而得名。鸡腿菇味甘性平，有益脾健胃、助消化、治疗痔疮、降血压、抗肿瘤等作用。据测验，菇体含有人类治疗糖尿病的有效成分，食用后降低血糖浓度效果显著，对治疗糖尿病有很好的辅助疗效。

图 5-10 人工生产出的鸡腿菇

值得说明，鸡腿菇是一种条件中毒菌类，与酒类和含酒精饮料同食时易中毒，因其含之毒素易溶于酒精，与酒精发生化学反应而引起呕吐和醉酒等现象。

5.6.1　鸡腿菇的菌物学基础知识

鸡腿菇由菌丝体和子实体两部分组成。菌丝体是鸡腿菇的主体，在基质中不断生长繁殖，有吸收、输送和积累营养的作用。子实体群生或单生，蕾期菌盖呈圆柱形，状似鸡大腿，故名鸡腿菇，后期菌盖呈钟形，最后平展；菌盖初期白色，表面光滑，后期呈淡褐色，表面裂开，形成平伏的鳞片状。

5.6.2　鸡腿菇的生长条件要求

1．营养

鸡腿菇是一种草腐菌，对营养要求不严格，可利用各种农作物秸秆或农产品下脚料进行生产。

2．温度

鸡腿菇是一种中温型菌类，菌丝生长温度为3～33℃，最适温度为23℃，高于或低于23℃，生长均减慢，超过35℃，菌丝出现自溶现象，超过40℃，两小时左右菌丝变枯死亡。但鸡腿菇的菌丝抗低温性较强，－40℃也不会冻死。鸡腿菇的出菇温度为8～30℃，超过30℃不形成子实体，低于8℃小菇蕾变黑死亡。

3．湿度

鸡腿菇菌丝生长期间培养料含水量应控制在60%～65%，超过或低于这个范围，菌丝生长减弱。子实体生长阶段对环境湿度要求较高，空气相对湿度以85%～90%为宜，湿度不足，子实体瘦小、鳞片增多；湿度过高，菌盖易产生斑点。

4．光线

对鸡腿菇生长而言，菌丝生长阶段不需要光线，强光对菌丝生长有抑制作用；子实体生长阶段需适量的散射光。

5．空气

鸡腿菇是好气性菌类，但需氧量比其他好气性菌较少。冬季栽培应尽量少通风，这样有利于保温。出菇期二氧化碳含量高的棚室，产菇较鲜嫩，但二氧化碳含量过高会出现畸形菇。

6．酸碱度

鸡腿菇对pH要求稍高，菌丝在pH4～9范围内均能生长，最适pH为6.5～7.5。

7．覆土

鸡腿菇是土生菌类，子实体的产生及生长离不开土壤，若无覆土刺激，菌丝发育再好也不会形成子实体，但菌丝抗衰老能力强，长好的菌袋避光保存10个月，重新覆土仍能正常出菇。

5.6.3　生产栽培技术

1．栽培温度

鸡腿菇春季栽培在1月份制种，4～6月份出菇。秋季栽培时，5～8月份制种，9月下旬至11月出菇，第二年3～6月份仍可出菇。

2．培养料配方

以100m^2计算其干料用量：稻草2000kg，动物类便1000kg，菜籽饼50kg，过磷酸钙40kg，石膏75kg，石灰50kg。

3．培养料堆制发酵

选排水方便，靠近水源，避风向阳地建堆。培养料堆制在8月初进行。方法是先铺上一层20cm厚、1.5m宽预湿好的稻草，按稻草、过磷酸钙、菜籽饼、石膏、石灰的顺序逐层上堆，翻堆3次，最后一次翻堆时调整含水量在60%左右。

4．建畦直播

挖深约0.2m、宽1～1.5m的菌畦，上料前先在畦底撒一层菌种，用种量约占总用种量的20%，然后铺一层厚约10cm的培养料并稍压实，在料面上均匀撒播约为总用量30%的菌种，之后再铺约10cm厚的培养料，使料面总厚度为20cm，最后将剩余菌种用穴播法播种于料面基质中，使其与料面持平或略低。播种完后，将料面整平、压实，覆土厚约2cm，并喷水至覆土湿透为止。此后盖上薄膜，温度计插入料面下约10cm，用于检查料温。

5．发菌管理

播种后第4天开始，每天掀动一次覆膜使其通风换气，注意料温不得超过35℃，最好保持在30℃以下，如料温过高时除加大通风外，可掀开薄膜往料面适量喷生活饮用水降温，但空气湿度应保持在75%左右。

6．覆土调水

在正常情况下，接种后15～20天覆土。若料面布满菌丝，可在其上再覆土厚约3cm。覆土材料采用稻田土或菜园土，pH在7左右，土粒大小为1～2cm，并喷水至覆土最大持水量的65%，重新覆盖塑膜，令其继续发菌。待见覆土上再长满一层菌丝时，要揿去覆膜，加强通风和相对空气湿度以及光照的调控，促使菌丝体良好生长。

5.6.4　管理与采菇加工

1．加强管理

鸡腿菇子实体生长阶段需大量氧气，因此需良好的通风条件。出菇阶段要求空气湿度在80%～90%，最适温度为20℃。增加湿度的办法是向菇场地面喷水、空中喷雾等，不可直接向菇床灌水或向子实体喷水。菌丝体生长阶段不需光照，子实体生长所需光照为极弱散射光，若光照强度较强，子实体老化速度相对较快，色泽变黑。

2．采摘时期

子实体菌环未松动脱落，无鳞片翻卷，菌盖部分呈光滑洁白状时采收。切不可待其充分成熟，一旦开伞将导致菇体自溶，便失去食用及商品价值。

3．采摘方法

采收时手持菇柄，要连“根”旋转拔起，不可切断使菇脚留在基质上。采收在手后，随即清理菇脚泥土杂物，即为初级商品菇。

4．采后浇水

采菇完毕，待培养料休整两天后，浇灌一次透水，以促进菌丝体的循环恢复，保证下一批菇的生长所需。

5．加工

对采收的菇立即进行清理，除去杂物，用5%盐水清洗后分级包装，置于2～4℃条件下冷藏3～4天，以确保销售运输过程中不开伞。也可将鲜菇烘干或晒干。如采取烘干，可参照香菇中的干制办法执行。

5.7　猴头菌

猴头菌（图5-11）肉质洁白，柔软细嫩，清香可口，营养丰富，在人们食用方面具有较高的营养价值和药用价值。

5.7.1　猴头菌的菌物学基础知识

猴头菌隶属于真菌门、担子菌纲、多孔菌目、猴头菌科、猴头菌属。猴头菌的生长发育于其他菌类相比有不同之处，猴头菌成熟时，从子实层上弹出大量孢子，孢子萌发，生成单核的初生菌丝，初生菌丝联合形成双核的次生菌丝，次生菌丝不断蔓延扩大生长，再生出大量分枝，向基质中分布、蔓延，当基质上充满菌丝体，条件适应时就在基质表面产生子实体原基，随着营养物质和水分的不断供应，原基的菌丝细胞不断生长重组，最终长成圆而厚的子实体。野生种常悬于树干上，子实体布满针状菌刺，形状似猴子的头部。

图 5-11　用罐头瓶生产栽培的猴头菌

5.7.2　猴头菌的生长条件要求

猴头菌属低温变温结实型的菌类，菌丝生长温度为10～33℃，最适25～28℃；子实体生长适温为12～24℃，最适16～20℃。根据其生物学特征，应以8月下旬接种，至10月下旬出菇，来春再产菇。个别地方也可采取早春1月接种，加温发菌培养，3～4月份生长出菇。

1．温度

催蕾出菇期最佳温度16～20℃，从小蕾到发育成菇，10～12天即可采收。气温超过23℃时，会形成花菜状畸形菇，或不长刺毛的光头菇，超过25℃还会出现菇体萎缩。

2．湿度

子实体生长发育期间，栽培场地必须达到85%～90%的空气相对湿度，管理好水分，根据菇体大小、表面色泽、气候等不同条件，进行不同用量的喷水。要严防盲目过量喷水，以免造成子实体霉烂。喷水要结合通风进行，以使空气新鲜，子实体生长健壮。

3．通风

猴头菇是好气性菌类，如果通风不良，就会出现珊瑚状的畸形菇，或受杂菌污染。为此野外畦栽，每天上午8时应揭膜通风30分钟，子实体长大时每天早晚通风，若温度超过25℃时，适当延长通风时间。但切忌直吹菇体，以免萎缩。

4．光照

子实体的菇期生长阶段要有散射光，野外荫棚掌握“三分阳七分阴，花花阳光照得进”，以满足子实体生长需要。

5.7.3　生产栽培技术

1．配料及拌料

配方一：木屑78%，麸皮20%，蔗糖1%，石膏1%。

配方二：棉籽壳78%，米糠20%，蔗糖1%，石膏1%。

按上述配方把料配好后，加水至含水量65%左右。要求拌料均匀，无干粉团块。

2．装瓶或装袋

按常规方法装填培养料，松紧适度。

3．灭菌与冷却

将装好的料袋置于灭菌锅进行126℃、2小时高压蒸汽灭菌，或进行100℃、10小时常压蒸汽灭菌。灭菌完毕，搬入冷却室，冷却至28℃接种。

4．选种与接种

（1）挑选菌种

菌种在使用之前必须经过严格挑选，剔除污染或生长稀疏、不正常、老化的菌种。

（2）菌种预处理

菌种瓶的外壁用医用消毒液消毒。

（3）接种

采用专用接种室或接种箱接种。经过灭菌后的培养袋或瓶，待料温降至28℃时，在无菌条件下接种。方法是把菌丝体取出，以块状方式塞入接种的料袋或瓶的穴中央。被接过种的菌料培养体，要及时搬入28℃的培养发菌间。接种时要求接种工具和运输工具保持清洁、干燥，以降低污染率。

5. 菌丝体、子实体的培养和管理

（1）发菌管理

调节温度、湿度，保持培养环境通风流畅，并及时清理掉有害杂菌。发菌期间如温度高、雨水多、湿度大，则要做好降温降湿工作。培养温度应控制在30℃以下，空气相对湿度控制在80%以下。接种后经35天左右的培养，菌丝即可长满。

（2）培养子实体

菌丝体长好后，即去掉套环或棉盖，进行墙式堆放，降温至15～22℃，保持空气相对湿度85%～95%，适当进行通风换气，并给予散射光刺激，诱导原基形成。如温度过高，或环境空气中的相对湿度过低，可向空间或地面喷水，以增加空气相对湿度，促进幼蕾发育。但禁止直接向子实体上喷水，否则子实体会因吸水过多而霉烂。

（3）加强管理

在子实体生长阶段，一要进行空间增喷雾化水，畦沟灌水增湿；二要荫棚遮盖物加厚，错开通风时间，实行早晚揭膜通风，中午打开罩膜两头，使气流畅通；三要创造适合温度，促进子实体顺利生长。

5.7.4 产品采收与加工

正常成熟的子实体颜色洁白，表面布满菌刺。在孢子尚未散出时即可进行采收。采收的方法是用手指握住子实体，轻轻旋转即可采下，或者用锋利的刀片割下。

采收的猴头菌可鲜销或盐渍，亦可晒干或烘干。

5.8 蘑菇

蘑菇（图5-12）是人们非常熟悉的蕈菌，它的凡名称为双孢蘑菇、四孢蘑菇，其还包括许多变种，营养成分比平菇还高。其食疗可解表去湿、养肝降压、缓解消化系统功能障碍等，目前已是世界上消费最多的一个菇种。

图 5-12　野生蘑菇

5.8.1　蘑菇的菌物学基础知识

蘑菇是蕈菌中的一类，即担子菌的子实体。子实体是担子菌长出地面的地上部分，成熟后样子很像插在地里的一把伞。地下还有白色丝状、向四周蔓延的菌丝体，这是担子菌的营养体部分，而非繁殖器官。在一定温度与湿度的环境下，菌丝体取得足够的养料就开始形成子实体。子实体发育初期形似鸡蛋，露出地面后迅速发育成成熟的子实体，其包括菌盖、菌柄、菌托、菌环等部分。成熟子实体的形状、大小、高低、颜色、质地等差别很大。

5.8.2　蘑菇的生长条件要求

1．营养

蘑菇生长发育所需的营养完全依赖培养料。蘑菇能利用广泛的有机碳源，如各种糖、淀粉、树胶、果胶、半纤维素、木质素等，这些碳源主要存在于植物的秸秆之中，氮源主要有有机氮化合物的蛋白质、氨基酸和尿素等，无机氮化合物的硫酸铵。矿物质对蘑菇生长也很重要，钙能促进菌丝体的生长和子实体的形成，磷是核酸和能量代谢的组成成分，钾在细胞组成、营养物质的吸收及呼吸代谢中必不可少。在蘑菇生长中还需要一些微量元素，如铜、铁、锰、钼、锌、镁、硫等。有些生长刺激素对蘑菇菌丝体的生长发育也有一定的促进作用。

2．温度

蘑菇菌丝体生长阶段要求温度为5～32℃，最适温度为24～26℃。低于5℃菌丝生长极其缓慢；超过33℃，菌丝生长基本停止。子实体生长阶段要求温度低些，其适宜温度为4～23℃，最适温度为14～16℃。高于19℃子实体生长速度快，菇柄细长，肉质疏松，质量差，并易开伞；低于12℃，子实体生长速度慢，组织致密。孢子散发的温度是18～20℃，孢子萌发的温度是24℃左右。

3．水分

蘑菇菌丝体生长阶段，培养料的含水量应保持在60%～65%；低于52%时，菌丝生长缓慢，绒毛菌丝多而纤细，不易形成子实体；高于70%时，培养料内水分过多，氧气不足，易出现线状菌丝，生活力差。覆土层的含水量，在菌丝生长阶段可适当偏干些，当子实体长到黄豆大小时，覆土层要湿一些，菇房的空气相对湿度需保持在70%～75%，出菇期间应提高到90%左右。

4．空气

蘑菇菌丝体和子实体的呼吸作用强，要求不断吸进氧气，呼出二氧化碳。最适于菌丝生长的二氧化碳浓度为0.1%～0.5%，子实体分化和生长阶段的二氧化碳浓度0.03%～0.1%。因此，菇房需要经常通风换气，排除有害气体，补充新鲜空气，以促进菌丝和子实体的正常生长。

5．酸碱度

蘑菇菌丝在pH5.0～8.0之间均可生长，最适pH为6.8～7.0。由于菌丝体在生长过程中会产生碳酸和草酸，而使菌丝的生长环境（培养料和覆土层）逐渐变酸，因此，培养料在播种时pH应调整到7.5左右，覆土材料的pH可调整为7.5～8。

6．光线

蘑菇菌丝生长和子实体发育过程中基本不需要光照。在黑暗条件下生长的子实体颜色洁白、菇盖厚、品质好，光线过强或直射光会导致菇体表面干燥变黄。

5.8.3 菌种制作技术

制作蘑菇菌种的设备与器具可参考本书第3章、第4章中的有关要内容。

1．母种的制备与培养

（1）培养基的制备

琼脂19g、马铃薯（去皮）切丝200g、葡萄糖24g、水1000mL。以上培养基制成后，pH调至6.5～7.0之间，然后灭菌、装入试管备用。

（2）分离与接种培养

在无菌接种箱或工作台中，用无菌小刀和镊子，取成熟蘑菇中央的菌肉一小块，接种在试管斜面培养基上，置于25～26℃下培养7～8天，当白色菌丝布满培养基表面，即成为可用于生产的母种。如若温度较低，在恒温(24±1)℃下进行培养，从接种到发满一般需15～20天。再次转管接种扩繁时，亦同此方法。

（3）及时检查

培养24小时后检查萌发情况，开始恢复萌发为正常；3天后检查定植情况，定植迅速、无细菌感染为正常；7～10天后检查发菌情况，菌丝健壮、无霉菌污染为正常。凡是在检查中发现异常现象的试管，应及时拣出和剔除。

2．原种的制备与培养

（1）培养基的配方

小麦（谷粒）93%、腐熟的干牛粪或马粪5%、石膏粉2%、含水量（50±1）%，pH7.5～8.0。

（2）培养基配制方法与灭菌接种

①泡麦：在制种前一天下午，将小麦浸泡在2%石灰水中，pH11以上；最好采用臭氧水浸泡小麦，起到杀菌增氧作用，效果极佳。浸泡时间掌握在10～18小时范围内，浸泡过程中及时检查麦粒是否已浸透麦心，未浸透麦心再延长浸泡时间。值得注意的是小麦品种含水量不一致，浸泡时间要依据外界气温高低来掌握。夏天泡麦子一般需10～12小时；春、秋泡麦子一般需16～18小时。

②洗麦：将浸透的麦粒捞起沥去石灰水，并用清水冲洗干净，pH达8即可。

③拌麦：捞起洗净的麦粒，摊开厚约7～10cm，待麦粒底层不积水、表面不黏水时，收成一堆，加入5%腐熟的干牛粪粉、2%石膏粉，拌匀待装。

④装瓶：把已拌匀的以上麦粒配方装入菌种瓶，适当抖动瓶子将麦粒装至瓶肩以下，随后在麦粒上再加盖一层预先准备腐熟的牛马粪培养料或棉籽壳培养料，以防止麦粒散动，有利接种物快速萌发定植，减少污染。最后擦净瓶口和外壁，用棉塞封口，封口料距瓶口不少于5cm。750mL菌种瓶装麦粒培养基900±50g，500mL医用盐水瓶装麦粒培养基600±30g。

（3）培养室处理

使用前两天，做好环境清洁卫生工作，进行彻底消毒处理。

（4）菌种培养温度

培养温度以22～24℃为佳，每天通风20分钟左右，室内空气相对湿度65%～70%。对于在自然温度条件下培养菌种，应加强高温、高湿等灾害天气的预防措施。

3．栽培种制备

（1）参考配方

新鲜马粪200kg、稻秸秆40kg、麦麸8kg、熟石膏粉2kg、水适量。

（2）制备方法

先将稻秸秆铡碎成3cm小段，用水浸5～6小时，再将马粪与稻秸秆相互层叠堆积。此间，每铺好一层马粪，即洒上一次适量的水，过8～10天第一次翻堆时加入熟石膏粉，以后每6天翻动一次，在进行第4次翻堆时，可将麦麸掺入，均匀混合。

（3）装瓶灭菌与接种

此节不再重复叙述，可参考本书3.3.2中的内容进行。

5.8.4　培养基配料堆制方法

1．常见培养基配料

制作蘑菇培养基常见的原料是动物粪便和农作物秸秆，这些基质经过堆制过程降解，蘑菇菌丝就能从堆制的基质中吸收营养，繁殖更多的菌丝体，最后生长出蘑菇子实体。

2．堆制原料比例

稻草或麦草60%～65%，玉米秆、豆秆等8%～10%，干牛粪、马粪、羊粪或猪粪10%～15%，菜籽饼或棉籽饼5%～8%，石灰粉和石膏粉各6%～10%。

3．堆制发酵

底层先铺1.5m宽、30cm厚的秸秆，然后再铺一层2cm厚的粪。第二层的秸秆厚10～15cm，再铺入一层发酵剂，用量为总发酵剂的2/3。如此堆积达1.5m高，长度不限。从第三层开始要浇足水，尽量全部湿透。温度升到70℃以上，要保持2天，然后翻堆。

4．翻堆升温

翻堆时要将内外上下均匀翻透，把粪草料抖松拌匀，水分不足时要适量补充。第三次约25～30天翻堆时，必须将上次剩余约1/3的发酵剂均匀地再加入，以利尽快升温，均匀发酵。温度升到65℃以上时，要保持2天。

5．二次发酵

经过3次翻堆，培养料以手握略有水渗出不下滴为宜，趁热把已发酵过的料运到整理好的菌床上。发酵料按菌床长度堆成长条，密封大棚卷起草帘利用日光加温，并进行蒸汽加热。简易的方法是在火炉上煮沸水，使料温达到60℃以上维持6～8小时，随后通风降温到50～55℃，维持3～4天。然后再次通风、换气、降温，将料摊开，厚度达20cm左右，使温度最后降到28℃以下。

6．堆积发酵的作用

其作用在于使自然存在的微生物变为糖类和氮类物质，这些糖和氮类物质转化是同细菌或真菌的生长繁育有关系的。因此，随着微生物数量的增加，堆肥中的蛋白质也得到增加，高温放线菌起到了主导作用。堆肥的第二阶段是通过自然发酵而达到巴氏消毒的目的，这一过程即可杀灭害虫、容易污染的微生物和部分病毒。

5.8.5　栽培与管理

1．备床接种

无论是大田平床，还是立体多床，也不论采用何种床栽模式，都必须在拆堆后，立即乘着料热时上畦上床，并马上覆盖塑料薄膜，把料温控制在50～60℃。到4～6天后，即可揭膜接种。接种方法是点播与撒播结合进行，将菌块填入到基质中去。

2．及时覆土

接种后的菇床或在畦上方除留遮阴物外，在晴天的晚上还要揭开薄膜透气通风，以利菌丝下窜，锻炼菌丝体的适应力和抗逆力。当看到菌丝吃料到2/3以上时，必须及时覆土促进子实体形成。覆土前要取开薄膜，刮平面料，扑上石灰粉，通风一天后覆土0.5cm。待菌丝吃完整个原料时，再覆盖2～3cm厚半干半湿的颗粒土。

3．出菇管理

通风控湿的原则是先湿后干，下湿上干，水不进料。覆土后的2～3天内，土粒的含水量必须调至16%～20%，以利创造菌丝爬土的条件。约在5～6天后菌丝已爬进土中时，即进行再次覆盖豆粒大小的自然土，覆土的总厚度不超过4cm。当昼夜温度稳定在5～7℃之间，就能促使菌丝体很快形成原基。当原基长到黄豆大小时，要停止供水，如遇见干旱致使料干土燥，则应将土粒的含水量调到30%～35%，一般保持2～3天，子实体即可长成。

5.8.6　采收、加工与分级

蘑菇采收的标准，要根据市场情况来确定，加工分级也应根据销售合同所规定的标准执行。一般的蘑菇商业分级指标有：

①感观指标：色泽灰白净黄色，菇体圆整、光亮，有弹性，无开伞。

②盐水浓度：18°～23°。

③pH：3.8～4.2。

④柠檬酸含量：0.3%～0.6%。

⑤蘑菇的分级标准为：

A级：菌盖直径1～2cm，柄长1cm，销售配额等级比例10%；

B级：菌盖直径2.6～4cm，销售配额等级比例为30%；

C级：菌盖直径4～6cm，销售配额等级比例15%；

D级；菌盖直径6～8cm，销售配额比例占15%。

以上各级规格蘑菇，菇根均≤1cm。另外，配额等级比例仅作为参考，销售量和要求按合同书约定执行。

5.9　竹荪

竹荪（图5-13）菇体洁白，香气浓郁，营养丰富，是世界著名的珍贵食药用菌，有“菌中皇后”，“真菌之花”，“素菜之王”等美誉。据测定，竹荪中含有11种矿物质元素，17种氨基酸，其中人体必需的8种氨基酸在竹荪中均有。此外，竹荪含有多种维生素，还有很高的药用价值，确属食药同源的珍贵蕈菌。据报道，对于高血压和高胆固醇患者，竹荪是疗效理想的食品。常食竹荪还可以减少腹壁脂肪的贮积。近年来，在竹荪的热水提取液中，还发现具有抗肿瘤活性的多糖成分。

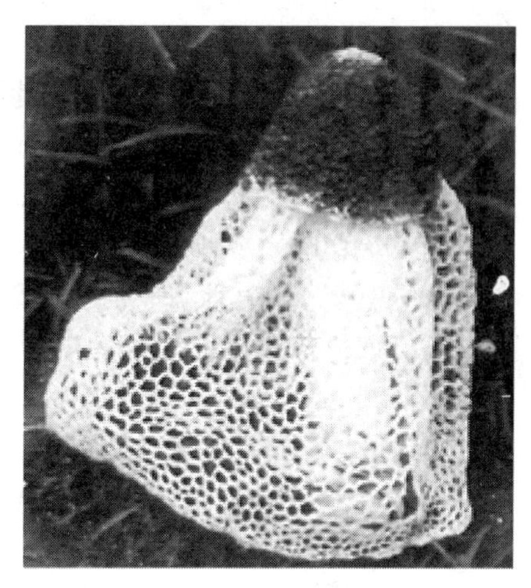

图 5-13　人工栽培出的竹荪

5.9.1　竹荪的菌物学基础知识

1．形态特征

竹荪品种不同，性状有异。例如长裙竹荪菌丝生长快，个体大，产量高；短裙竹荪菌丝生长较长裙竹荪慢，因此栽培时生产周期较长。商品竹荪，是经人工脱水加工的干品，仅保留可食的菌柄和菌裙两部分。完整的竹荪子实体，包括菌盖、菌柄、菌裙和菌托等部分。

2．生理特点

竹荪子实体生长在地上，地下生有菌丝体和菌索。菌索的形成表明菌丝体内积累了足够的养料，此时只要温度适宜，许多菌索便交织扭结在一起，菌索顶端逐渐膨大形成原基，待生育条件成熟即可长大形成菌蕾。在自然条件下，菌蕾生在离地表1～2cm处的腐殖土层中，由菌索先端逐渐膨大而形成，初期为米粒状，白色。米粒状的白色菌球继续长大，经过一段时间，可发育成鸡蛋大或更大的卵形球。俗称菌球、菌蛋等。

3．成熟期特点

菌蕾表面初期有刺毛，后期刺毛消失，呈粉红色、褐色或污白色。菌蕾内部是竹荪子实体的幼体，随温度的变化，菌蕾开裂伸出子实体的时间也长短不一，人工栽培大约为20天，气温低时可长达40天以上。在菌柄伸长期，菌盖露出，菌裙逐渐张开。至子实体成熟期，菌裙张开达到最大限度。

5.9.2 竹荪的生长条件要求

1．营养

竹荪是腐生性真菌，对营养物质没有专一性，与一般腐生性真菌的要求大致相同，其营养包括碳源、氮源、无机盐和维生素。碳源主要由木质素、纤维素、半纤维素等提供，生产中常利用竹鞭、竹叶、竹枝、阔叶树木块、木屑、玉米秸、玉米芯、豆秸、麦秸等作为培养料来栽培竹荪。在配制培养料过程中，常添加少量的尿素、豆饼、麸皮、米糠、畜禽粪等作为氮源，也常加入适量的磷酸二氢钾、硫酸钙、硫酸镁、马铃薯等，以满足竹荪对无机盐和维生素类物质的需要。

2．温度

大部分竹荪品种属中温型菌类，菌丝生长的温度为8～30℃，适宜温度为15～28℃，高于30℃或低于8℃，菌丝生长缓慢，甚至停止生长。子实体形成要求温度在16～25℃之间，最适为22℃，在适温范围内，子实体的生长速度随温度的升高而加快。

3．水分

竹荪生长发育所需水分主要来自于基质。营养生长期，培养基含水量以60%～65%为宜。进入子实体发育期，培养基含水量和土壤含水量要提高到70%～75%。竹荪在营养生长阶段，空气相对湿度要维持在65%～75%。当进入子实体生长阶段，空气湿度要提高到80%；菌蕾成熟至破口期，空气湿度要提高到85%；破口到菌柄伸长期，空气湿度必须在90%左右。菌裙张开期，空气湿度应达到95%以上；反之，空气湿度低，菌裙则难以张开，由于粘结而失去商品价值。

4．空气

竹荪好氧，无论是菌丝生长发育，还是菌球生长、子实体的发育，其环境空气必须清新。否则，二氧化碳浓度过高，不仅菌丝生长缓慢，而且也影响子实体的正常发育。但是在竹荪撒裙时，要避免风吹，否则会出现畸形。

5．光照

竹荪菌丝生长发育不需要光线，遇光后菌丝发红且易衰老。因此，人工栽培竹荪场所的光照强度应控制在15～200lx，并注意避免阳光直射。

6．土壤及酸碱度

竹荪生长离不开土壤，人工栽培竹荪，必须在培养料面上覆3～5cm厚的土层，以诱导竹荪菌球发生。竹荪菌丝生长的土壤或培养料要求偏酸，其pH为4.6～6.0。

5.9.3　生产栽培技术

1．原料选择

各种竹片、阔叶树的树根、树枝、叶及碎片，农副产品下脚料如黄豆秆、麦秆、花生壳、玉米芯和棉籽壳等，均可用于竹荪栽培生产。

2．材料处理

先在栽培之前，将竹、木碎片堆积成堆，然后不断加入清水使其充分吸收，再用塑料薄膜罩严，亦可加2%油籽饼溶液以增加营养和料温。待到培养料经处理吸水充分，即可用于栽培。

3．品种选择

生产栽培时，须了解品种的温型，根据当地的气候条件适时安排生产季节。

4．场地建设与栽培

（1）搭棚

选择冬暖夏凉、背风保湿、水源充足、排水良好、土壤腐殖质高的水稻田或菜园地搭建荫棚。棚高1.8～2m，四周围起，顶棚覆盖树枝、茅草或遮阳网等，以达到遮光保湿的目的。遮阴程度以三分阳七分阴为宜。

（2）作畦

去除杂草、石块及杂物，然后造畦做埂。畦宽1～1.2m，长度视场地和栽培规模而定，四周用土作埂。畦高20～25cm，埂厚6～10cm，再在四周挖好排水沟，以确保排水良好。另外，畦与畦之间的走道一定要比畦底深10cm左右，畦底的土要挖松，以保证畦内不积水。

（3）栽培季节

栽培季节可分春、秋两季。春播在3～5月份，当年夏秋收获。秋播在9～10月份，菌丝体在地里越冬，第二年夏秋收获。

（4）堆料播种

在选择的背风阴凉场地棚内，将表土深挖3～4cm堆积于两边，然后将畦底整平即可下料，通常以3层料3层菌种的方式播种。第一层堆料厚5cm，料平面播上菌种；第二层料厚10cm再播菌种；第三层料厚5cm，然后播一层菌种于表面，即可复土，四边和表面覆土2～3cm。培养料含水量65%～70%。每平方米用料30kg，播菌种2kg。

5．发菌培养

（1）注意通风

堆料播种后，在菌丝萌发与生长期，应每天上午揭开塑料薄膜30分钟。春播后进入夏季气温逐渐转高，早晚揭膜通风1次，使畦床内空气新鲜。否则，因通风不良、二氧化碳浓度过高，会造成菌丝萎枯变黄、衰竭。

（2）保持湿度

播种后，前期一般不必喷水，薄膜内相对空气湿度保持在85%，若气候干燥或覆土发白，就应喷水。

（3）控温发菌

竹荪的菌丝生长温度为20～32℃。秋末播种时气温低，应盖严薄膜、缩短通风时间、减少遮阴、增加光照、提高温度，促进菌丝加快发育；若初夏播种，气温高，应注意早晚揭膜通风，防止水分蒸发，以免影响正常生长。

5.9.4 采收加工

竹荪从破蕾到撒裙，时间多在每天上午8～12时，因此要及时采收，过晚则孢体自溶。当天采收立即暴晒，阴雨天用脱水机干燥。干品容易回潮，可用双层塑料包装，放入变色硅胶吸潮，防止色变和霉变虫蛀。

5.10　白灵菇

白灵菇（图5-14）是菇类的优种，味道浓香、口感较好。目前，白灵菇在我国西北地区已大量栽培10年之久。

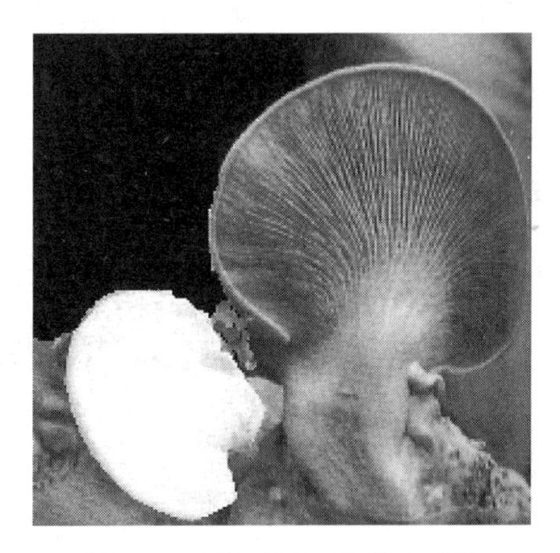

图 5-14　刚生长出不久的白灵菇

5.10.1　白灵菇的菌物学基础知识

白灵菇属中、低温型菌类。子实体单生或丛生；菌盖形成初期，中间凸起，呈贝壳状，后平展，中部下凹呈浅歪漏斗形；菌肉肥厚，中部厚，边缘渐薄，内卷、白色。菌褶近延生，密、不等长、浅黄色。菌柄中生或偏心生，菌盖直径(6～14) cm×(4～6) cm，等粗或下部稍细，白色。孢子长椭圆形、无色，孢子印白色。

5.10.2　白灵菇生长条件要求

1．营养

白灵菇对营养的要求基本同平菇、香菇，这里不再叙述。需要此方面深入了解者，请查看香菇、平菇关于营养部分的文字。

2．温度

菌丝生长最适温度为24～26℃，子实体发育最适温度为12～18℃范围内，原基分化最适温度为5～13℃。

3．湿度

菌丝生长要求培养料含水量在60%～70%之间，子实体生长的空气相对湿度为85%～95%。

4．光线

菇蕾正常发育需散射光，阳光直射和完全黑暗环境均不易形成子实体。

5．空气

白灵菇好氧，生长期要求保持空气新鲜。如通气不良，子实体生长缓慢或变黄，并出现畸形菇。

6．酸碱度

培养料pH以6～7为佳，如发菌期常遇温度偏高情况，在栽培料配方中略加石灰可以预防培养料酸化。

7．出菇诱导

将接种后的白灵菇置于25℃的环境中，经30～45天培养，菌丝可长满菌袋。再将菌袋置于8～12℃的环境中培养，使菌丝达到生理成熟。出现原基后，夜间以低温刺激，白天给予散射光刺激以诱导出菇。

5.10.3　生产栽培技术

1．栽培季节的选择

按照白灵菇子实体发育最适温度12～18℃的特性，生产季节可因气温状况确定。因冬、春季出菇产量高、质量好，一般9月至来年4月栽培，8～9月开始培养母种和原种，10月制生产袋，11月下旬至次年4月为出菇时期。

2．培养料配方与制作

配方1：玉米秸50%，棉子壳30%，麸皮13%，豆饼3%，糖、过磷酸钙、石膏、石灰各1%。

配方2：杂木屑80%、麸皮18%、食糖1%、碳酸钙1%，每50kg干料另加干酵母0.025g、过磷酸钙0.25g。

配方3：杂木屑70%、棉籽壳10%、麸皮18%、红糖1%、碳酸钙1%，每50kg干料另加干酵母0.025g，过磷酸钙0.25g。

配方4：棉籽壳80%、麸皮18%、糖1%、石膏粉1%，另加磷酸二氢钾0.5%。

配方5：棉籽壳80%、玉米粒17%、糖1%、石膏粉1%、石灰粉1%。

以上各配方的含水量均为55%～65%，pH7～9之间。生产时根据原料来源条件，任选一种配方，并按要求称料、拌料、装瓶或装袋。

3．培养料的处理

（1）建堆发酵

选择上述培养基配方，要选择无结块、无霉变的培养基主料。玉米秸秆使用前暴晒2～3天，粉碎，过直径0.6～0.8cm筛，玉米粒使用前要用清水浸泡10～12小时，其他培养主料预处理同常规。将处理好的培养基主料，充分混合，加水拌匀。当料充分湿润后，堆成宽1.2～1.5m、高1.0～1.2m、长度因地制宜的料堆，料堆四周用3cm粗的木棒打孔，孔深至底，孔间距0.4～0.5m，然后用草帘或塑料薄膜将料堆盖严，进行发酵。当温度升到55℃左右时，保持12小时，进行第一次翻堆。翻堆后再堆成原来的形状。料温再升到55℃时，进行第二次翻堆。以后，每天翻一次，共需翻3～4次，当培养料呈棕褐色、腐熟均匀、颜色一致、质地松软、富有弹性、有浓香酒糟味、料内有一定量的“白线菌”时，说明料已发酵成功，调节料的含水量和pH后，即可进行散堆、降温、装袋。

（2）装袋灭菌

选用高密度低压聚乙烯筒料，厚0.04cm，规格为折径20cm，截成长40cm的料袋。装袋前先用绳折扎袋口一端，口要扎紧，以不漏气为准，以免灭菌散口。装袋分人工装袋和机械装袋两种，可直接将发酵好的培养料装入袋中，松紧度适中，折扎另一端袋口，以不漏气为宜。装袋与搬运过程中要轻拿轻放，避免刺破菌袋引起有害菌污染。装袋时速度要快，装完立即上锅灭菌，以防培养料产生酸败。灭菌过程中料袋要采用顺码式堆放，以利通气。灭菌时灶内温度在3～4小时内必须达到100℃，在此温度维持12～14小时。当达到灭菌要求后，立即停火、停气，待袋温降到60℃左右时出锅，运到经消毒的冷却室冷却，其间要检查袋子是否有微孔、破裂、散口现象。若有即趁热用透明胶带粘贴或用绳子扎紧袋口。

4．接种方法及要求

（1）接种温度要求

当袋内料温下降至30℃以下时进行接种。

（2）无菌条件制备

接种常用无菌室和接种箱。无菌室和接种箱、超净工作台，在接种前三天按照第3章3.2中常用的消毒灭菌方法熏蒸消毒，无菌室门口要放置石灰粉，进出人员要脚踏石灰粉消毒。同时将菌袋、菌种、酒精灯、镊子、接种钩、接种铲，还有装有75%酒精、0.1%高锰酸钾溶液的瓶子等全部放入接种室（箱），然后用气雾消毒盒两包，拆开点燃，熏蒸25分钟即可接种。接种人员要穿经过医用消毒剂消毒灭菌的工作服、戴工作帽，手臂要用75%酒精棉擦拭消毒。接种工具必须用75%酒精擦拭和火焰灭菌。菌种瓶及封口要用0.1%的高锰酸钾溶液消毒。

（3）接种技术操作

采用两头接种方式，接种时菌种瓶口和菌袋接种口要在酒精灯火焰无菌区内，以防杂菌污染。菌种块大小以蚕豆大为宜。接种时动作要迅速，作到解袋口快，接种快，扎口快。接完后，要及时运往发菌场所堆放培菌。

5．培菌管理

（1）前期管理

在室内和温室大棚内均可培菌。培菌前一星期，将培菌室打扫干净，用硫黄和气雾消毒盒各消毒一次，待熏蒸30分钟后通风2～5分钟时间可进入。根据季节和室（棚）内温度决定摆放层数。一般摆放4～6层，气温高时层与层之间要放两根细竹竿，以利通风降温，菌袋放入发菌场所后，必须用气雾消毒盒再进行空气消毒，以后每7天消毒一次。接种后10天左右要进行第一次翻堆，检查菌丝长势和有无杂菌，并借翻堆互相倒换菌袋位置。若有点状杂菌时，将菌袋拿出室外集中处理。以后每隔10天翻堆检查一次。发菌期温度在22～27℃之间，空气相对湿度在70%以下，经常通风换气，保持空气新鲜，避光发菌。一般经40天，菌丝即可长满菌袋。

（2）后熟管理

白灵菇菌丝长满袋后，不能催其立即出菇。须在温度20～25℃、湿度70%～75%的环境下，再培养30～40天进行后熟，以使菌丝浓白、菌袋坚实，从而贮藏足够养分、达到生理成熟。在后熟培养期间，要注意培养基含水量，保持在50%以上，不要打开袋口。注意后期培养阶段要有一定散射光照刺激，以促进菌丝扭结老熟。

（3）适期开袋

袋口处出现原基有黄豆般大小时，即松开袋口的套环或扎绳，此时期，空气相对湿度必须调控在85%～90%。

5.10.4 出菇管理

1．促现蕾

对菇蕾露出的袋子，要分批进行出菇管理。出菇多采用温室、大棚做菇房，采用墙式栽培出菇或层架栽培出菇，并覆有机发酵土最佳。温度必须控制在8～20℃，拉大温差，晚上揭掉薄膜和草帘给以低温刺激，白天给以散射光刺激，促其现蕾。

2．解袋口

当发现袋内菇蕾长至2cm时，去扎绳，解袋口；待盖部长至乒乓球大小时，可进行挽口，并把袋口张开，让菇盖露出。

3．调节温湿度

此时温度必须保持在12～20℃，空气相对湿度保持在80%～90%。每天适当通风换气，保持空气新鲜，并给予一定的散射光，否则，易形成畸形菇。

5.10.5 采收与加工

1．及时采收

一般白灵菇从现蕾到采收需要12天左右，菌盖完全开展时应及时采收。白灵菇一般只收一茬和二茬。采收过早，产量低，过迟则品质下降。

2．采收方法

采收时手指抓住菌柄，整朵拔起。采后停止喷水，清理袋口四周和外部环境，让菌丝恢复生长。5天后继续喷水、控温。一般采收菇后可根据需要补充自制的碳氮营养水，生物转化率在

30%～65%。

3. 加工与销售

白灵菇鲜食时，香气浓郁，口感、味道绝妙，又由于其质地致密、含水量低、组织坚韧、耐冷藏运输，白灵菇的另一好处是不易变色，极适合切片烘干，烘烤温度以45～65℃为宜。

5.11 杏鲍菇

5.11.1 杏鲍菇的菌物学基础知识

杏鲍菇（图5-15）是一种分解纤维素、木质素能力比较强的食用菌。在其培养基中需较丰富的碳素营养及氮素营养。氮源较丰富，菌丝生长较健壮，产量也能提高。杏鲍菇可以在棉籽壳、木屑麦秆等农作物秸秆所组成的基质上生长。一些辅助材料如麦麸、玉米粉、细米糠等，可以促进菌丝蔓延，增加菇蕾的发生量。

图 5-15 代料栽培的杏鲍菇

5.11.2 杏鲍菇的生长条件要求

1. 温度

温度是决定杏鲍菇栽培成败及产量高低的主要因素。菌丝生长最适温度为23～25℃；菌蕾在10～18℃的温度范围内均可以形成；子实体的生长最适温度为12～18℃，低于8℃不会出现原基，高于20℃容易出现畸形菇。

2. 湿度

菌丝生长阶段，培养料含水量以60%～65%为宜；子实体形成阶段要求空气相对湿度在90%～95%之间，生长阶段要求

85%～90%。

3．营养

在菌丝营养生长阶段，二氧化碳对杏鲍菇菌丝生长有促进作用。杏鲍菇分解木质素、纤维素能力较强，需要有较丰富的营养，特别是氮源应充足，菌丝生长才能旺盛，产量才会高。杏鲍菇在以木屑为主的栽培料中，添加棉籽壳、玉米粉等，会使菇体增大，产量提高。

4．空气

菌丝生长阶段需氧量相对较少，低浓度的二氧化碳对菌丝生长有促进作用；子实体生长阶段需充足的氧气，二氧化碳浓度以小于0.02%为宜。

5．光照

菌丝生长阶段不需要光线，黑暗环境会加快菌丝生长，子实体生长则需要一定的散射光。如果光线过强，菌丝会变黑；如果光线太暗，又会造成菌盖颜色变白，菌柄升长。

6．酸碱度

菌丝生长阶段最适pH为6.5～7.5，出菇阶段最适pH为5.5～6.5。如果pH低于4或高于8，则子实体难以形成。

5.11.3　生产栽培技术

1．栽培季节

杏鲍菇出菇的适宜温度为10～15℃，以秋末、春末栽培较为适宜。

2．原料配方

配方1：玉米芯60%，木屑20%，麸皮16%，石膏2%，石灰2%，pH自然。

配方2：棉籽壳62%，木屑18%，麸皮16%，石膏2%，石灰2%，pH自然。

配方3：杂树枝60%，玉米芯20%，麸皮15%，石膏2%，石灰3%，pH自然。

配方4：木屑40%，棉籽壳42%，麦皮15%，白糖1%，碳酸钙1%，石膏1%。

3．原料粉碎细度

树枝粉碎同常规杂木屑，玉米芯粉碎成黄豆粒大小。

4．菌袋制作

采用规格12cm×60cm×0.05cm的聚丙烯袋装料，培养料混合拌匀，调节含水量在65%～70%、pH为6.5～7.5。培养料装袋后，袋口扎紧，轻拿轻放，进行常压灭菌。

5．灭菌接种的准备

（1）接菌室

亦叫无菌室或接种室，一般不宜过大，4～6m^2即可。与无菌室相连还应有一个1～2m^2的缓冲室相配套。可用药品或紫外灯对室内进行杀菌消毒。

（2）接菌箱

也叫无菌接种箱。大小和规格依具体条件而定，有单人式、双人式、四人式等。一般双人操作式较为普遍。农村专业户可以制作一个单人操作式。

（3）接种工具

常用的接种工具有酒精灯、接种器等。接种器包括接种铲、接种勺、接种钩。

（4）消毒灭菌药品

①酒精。除供酒精灯燃烧用外，主要用于手、接种器的消毒。

②甲醛。一般配成37%的溶液即福尔马林用于接种箱的消毒。

③石碳酸。也叫苯酚，常用5%的水溶液进行接种箱和无菌室的喷雾消毒，或配成0.5%～1%的溶液，用于洗涮器皿、桌面和工作服，以达到消毒目的。

④漂白粉。常用10g漂白粉加水140mL，静止1～2小时后取上清液，用喷雾消毒无菌室。

⑤新洁尔灭。常用0.25%浓度溶液进行皮肤和不能以高压灭菌的器具的消毒，也可用于接种箱和无菌室的喷雾消毒。

（5）消毒灭菌的方法

自然界里到处有微生物的存在，如空气、所有原料、水以及一切用具和器具的表面，这些微生物对食用菌菌种而言，都属于有害菌，即通常所说的杂菌。我们制作的菌种，要求绝对不能染上杂菌，所以整个操作过程必须进行严格灭菌。

1）熏蒸消毒法

将灭菌后的菌棒搬运至接种室，再将空气洁净器、小板凳、接种用具、塑料周转框（3～4个）、接种台、酒精灯、火柴等放入接种室内，开始熏蒸消毒。点燃烟雾消毒剂后迅速关闭门窗，并打开紫外灯。同时，用一小接种箱将接种服（专门定做或白大褂）进行熏蒸消毒。

2）加热灭菌法

可使用常压灭菌法，所需设备简单、投资少、成本低，适合农村使用。此法是用锅灶，把待杀菌的物品放入蒸笼里，从上气开始，保持蒸煮6～8小时，即可达到灭菌的目的。

3）紫外线灭菌法

开紫外灯30～40分钟，基本上可达杀菌目的，紫外灯距照射物的距离以不超过1.2m为宜。注意紫外线对人体有伤害作用，所以不能用眼睛直视开着的紫外线灯，也不能开着灯工作。

（6）灭菌接种技术

1）灭菌程序

灭菌是将料袋内的一切生物利用热能杀灭的一个过程，在培养基菌棒生产过程中，灭菌的效果是生产食用菌的关键。在生产实践中，一些新的栽培厂家，最容易出的问题就是灭菌这个环节。目前农村最普遍采用的方法是常压灭菌，而高压灭菌应用较少。常压灭菌过去多采用土蒸锅，用土蒸锅灭菌其缺点是装料少，装锅出锅操作不便，料冷却较慢，所以有逐渐淘汰的趋势，取而代之的是利用常压灭菌小锅炉（蒸汽发生器），这种灭菌方法可节省燃料、操作方便、冷却也快。

常压小锅炉灭菌的方法简易，先将灭菌场所打扫干净，再将已装满料袋的塑料筐一层一层摆好，一般一次可灭菌5000棒左右；在最上边一层塑料筐上盖一层塑料布（旧塑料布可用二层），再覆盖一层苫布，如果是冬季苫布上边再盖棉被一层；四周用砂袋压好或用绳子捆好后便可开始生火加温，开锅后蒸汽通过管道进入菌棒垛内。为缩短垛内菌棒达到100℃的时间，一般用两台小锅炉同时灭菌。大约加温3～5小时左右，会发现苫布呈鼓起之状，我们称之为“园汽”，即垛内温度达到100℃以上，有时会达到105℃。此时可开始计时并不间断灭菌12～14小时。如果用新塑料布覆盖，可在料垛的四个角的下部，分别放置四个铁管，让其自然排气，以免垛内压力过高将整个覆盖物掀起。装好的菌袋不可久置应马上灭菌，以免培养料酸败，特别是在夏季更应注意。如灭菌过程中停电，吹风机无法使用，可采用加高锅炉烟筒的方法继续灭菌，决不能停工待电。用两台小锅炉灭菌，加水的时间要错开，不能同时加水，使苫布始终保持鼓起状态。当灭菌结束，可停火使之自然降温冷却，在冷却过程中，夏季可将苫布掀掉，但塑料布不能掀掉。灭菌效果正常的菌棒表现为深褐色，有特殊香味，无酸臭味。袋内培养料pH为6.5～7，并有轻微皱曲现象。

2）菌种挑选与处理

菌种在使用前一定要进行挑选及处理，这点非常重要，也是广大食用菌栽培者最易忽视的问题。生产实践中发现，发菌期间有成片菌棒两头接种处有杂菌感染，这种情况通常问题出在菌种上。有时在接种过程中发现菌种有杂菌，此时采取任何措施也为时已晚。所以我们要求菌种在使用前要有专人认真挑选。挑选人员一定要有多年菌种生产经验，并在光线较好的地方进行。

菌种在使用前要进行处理，因在菌种培养过程中，菌种表面会有一层灰尘，而杂菌孢子会附着在灰尘上。一般来讲，培养室内的杂菌孢子浓度较一般房间高，特别是用塑料袋为菌种容器，更是如此。因为菌种袋的破口处很容易感染杂菌，大量杂菌孢子会从破口处飞散到整个菌种培养室。菌种使用前的处理方法是：先用0.5%～1%甲醛溶液洗去菌种瓶、菌种袋表面的灰尘，再将其浸入3%来苏尔溶液中置10秒钟捞出。

3）接种的方法

就是将固体菌种或液体菌种接入培养基菌棒的过程或方法。接种的整个过程都应按无菌操作要求进行。接种常用的方法为接种箱接种和接种室接种。用接种箱接种是广大农村家庭栽培食用菌最常用的接种方，有如下几点要绝对注意：①接种箱密闭性一定要好。接种箱的套袖要用不易透气的二层布料做成，套袖前后要带有二个松紧带，两个松紧带之间距离为18cm左右。②对于旧接种箱要先用水冲洗晒干再进行一次熏蒸消毒，熏蒸用药量是常规的2倍，新接种箱也应先熏蒸一次。③接种箱尽量放在干燥、干净、密闭性好的房间内。也可将接种箱放入塑料大棚内接种，但塑料大棚一定要干燥，同时要求大棚提前晾晒并熏蒸消毒一次。

接种室接种由于操作方便、接种速度快，可逐渐取代利用接种箱的传统接种方法。

4）接种操作程序

当培养基菌棒温度降至26℃左右及接种室内烟雾消毒剂的气味散尽时，接种人员在缓冲间洗手、换鞋、换帽、换衣服后可进入接种室内。先打开空气洁净器，然后3～4人一组开始接种。接种时点燃酒精灯，然后在其火焰上方操作，动作要熟练快捷。一般是一人放种，2～3人解袋绑口。一瓶菌种（500mL）可接种培养基菌棒15个（两头接种）。在接种过程中要禁止闲杂人员入内并尽量避免接种人员外出。此外接种人员尽量不要去拌料、发菌场所。生产实践要求，接种人员应保持稳定，尽量不要换人。

5.11.4 出菇管理与采收

1．前期管理

菌丝长满袋后，即可排场、上架、出菇。栽培房空气相对湿度保持90%～95%，湿度不足时，可向空间及地面喷水雾。一般培菌达10～15天就可现菇蕾。

2．中期管理

出现小菇蕾时，用刀片环割菇蕾处3/4的袋膜，让1/4的袋膜留在筒上以便保护小菇蕾，以后随着菇蕾的长大，自然顶出袋膜，向外生长，同时注意去劣留强，保证充足的养分供应留下的菇蕾健壮生长。气温在12～15℃出菇较快，菇蕾多，出菇整齐，15天左右可采收；温度低于8℃不会形成菇蕾，即使正生长的子实体也会停止发育或逐渐萎缩至死亡；气温超过21℃也很难现蕾，已形成菇蕾也会萎缩死亡，菇蕾生长期的空气相对湿度以85%~90%为宜。

3．后期管理

子实体形成后的生长阶段，需要新鲜空气，通风好，菇蕾多，产量高，菇蕾正常开伞，朵形也大。当气温升高时，喷水不能喷到子实体上，因为将水直接喷在子实体上，会导致菇体发黄，造成杂菌感染和烂菇。

4. 采收

菌盖平展，孢子尚未弹射为适时采收期。采收15天左右后，可采收第二批菇。

5.12 草菇

5.12.1 草菇的菌物学基础知识

草菇（图5-16）是由菌丝体和子实体两部分组成。菌丝体是草菇的主体，在基质中不断生长、繁殖，起着吸收、运输和积累营养物质的作用。菌丝按其发育的顺序可分为第一次菌丝、第二次菌丝和第三次菌丝。子实体是草菇的繁殖器官，它由菌盖、菌褶、菌柄和菌托等部分组成。菌盖钟形，老时褪为灰褐色或灰白色。草菇子实体初生时为白色小颗粒，形如鱼卵，以后逐渐长大如豆、雀蛋、鸭蛋，后张开成伞状。根据子实体发育的情况，大致可分为针头期、小菇蕾期、菇蕾期、卵形期、伸长期和成熟期等6个阶段。

图 5-16　生长在树桩上的草菇

草菇完成一个生活周期所需的时间，大约4~6星期。初生的菌蕾，大小如针头状，外菌幕没有斑点，白色。垂直切面，看不到菌盖和菌柄的区别，整个结构是一团菌丝细胞。以后，菌蕾球形，其顶端内侧中央，首先出现一条直的或弧形的裂缝，此缝随后形成一个拱形的腔。其外侧的假薄壁组织，分化为菌托，中央的突起物形成菌盖及菌柄原基。菌盖原基随菌蕾的发育逐渐由四周扩展和下卷，发育成为小菌盖。由于菌盖原基向外周扩展的速度大于菌柄的加粗生长，以及由于菌柄原基的延长生长，因而菌盖和菌柄就同时形成。随着菌褶的发育、子实层的形成，内卷的菌盖也逐渐伸直，最后突破菌托束缚，以极快的速度继续发育，菌柄伸长几乎达到全长程度。菌褶随孢子的成熟度自白色逐渐变至水红色。随后担子相继发射出无数的孢子，并逐渐腐解。

5.12.2　草菇的生长条件要求

1．营养

草菇是一种营腐生活的腐生菌，必须从有机体吸取现成的营养物质，才能生长发育。草菇能利用多种碳源，其中以单糖最好，双糖其次，多糖再次。草菇对有机氮、铵态氮都能很好利用，而对硝态氮利用较差。培养料的碳氮比以40∶1为好。培养料中营养充足，菌丝生长旺盛，产量高，质量好，产菇期长。如果培养料营养不足，则菌丝生长不良，产量很低或子实体不易形成。因此在栽培中，必须选用金黄色的优质稻草作培养基。其次，为增加培养料营养，还可添加牛粪、米糠和豆科作物的茎、叶等。

2．温度

草菇主产热带和亚热带地区，属高温型伞菌，菌丝生长温度范围为20～40℃，最适温度为28～35℃，高于42℃或低于15℃，菌丝生长极微弱，10℃停止生长，呈休眠状态，5℃以下菌丝很快死亡。子实体发生的最适温度为28～33℃，低于20℃或高于35℃，子实体都难以形成。在适温范围内，菌蕾在偏高的温度中发育较快，但朵小、质稍差；在偏低的温度中，发育稍慢、朵大质优。

3．湿度

草菇的生长发育需要较高的湿度。草堆湿度以含水量65%左右最适于子实体的形成。空气相对湿度以85%～90%为宜，超过96%时，菇体易腐烂、杂菌多；在80%以下，草菇生长缓慢、表面粗糙、缺乏光泽。

4．空气

足够的氧气是草菇生长发育的重要条件。氧气不足，二氧化碳积累太多，草菇常因呼吸受抑制而导致生长停止或死亡。因此，在栽培上应选择空气对流缓慢的场所，通风不宜过甚，否则，水分容易散失，对草菇的生长也是不利的。

5．酸碱度

草菇是一种喜碱性的真菌。孢子萌发的最适pH为7.4～7.5。菌丝生长最适的pH为7.2～7.5，子实体在pH7.5时生长最好。

6．阳光

草菇的菌丝生长不需要阳光，子实体的形成需要一定的阳光，在完全黑暗的条件下不形成子实体。漫射的阳光能促进子实体的形成，并使之生长健壮，增强抗病力。强烈的直射阳光，不仅加快水分蒸发，而且对子实体发育有抑制作用。故室外栽培时，应注意遮阴或覆草被，以避免受强烈直射阳光的不良影响。

5.12.3 栽培技术

1．原材料

生产原料主要是农作物的秸秆，称碳源，一般以棉籽壳为原料的产量较高，稻草次之，甘蔗渣较差；辅料麦麸、米糠、玉米粉等作氮源。

2．场地选择

选择背风向阳，供水方便，排水容易，肥沃的沙质土壤作为建菇床的场所。气温较低时，选择背风向阳，西、北两面有遮阴物的场所；盛夏时选阴凉、通风处作菇床场所。

3．场地处理

作菇床时应翻地，日晒1～2天，耙平，同时每平方米拌入200g石灰以驱杀虫、蚯蚓。播种时床面应喷水增湿，以免培养料失水过多，且结合犁耙翻晒，起畦宽约1.2m，开好排水沟，搭好荫棚。

4．栽培方式

根据栽培场地的不同，草菇栽培分室内栽培、室外栽培两种。室内栽培可在专门搭建的菇房进行，亦可利用闲置的农舍、猪舍等改建而成，改建的菇房可搭床架，亦可直接在地面栽培。

5．栽培季节

草菇属喜高温、喜高湿、草腐性菇类。最佳栽培时间为4～10月。若采用加温设备，可进行周年生产。

6．原料处理及播种

选择新鲜、无霉变的干燥稻草，将稻草放入2%～3%石灰水浸泡24小时捞起，扭成草把，按1.2m宽度铺成畦面，压紧压实，在草层边缘处撒一圈混合好的1：1麦麸与菌种，将第一层草层的外缘向内缩进铺第二层草把，压实，在四周边缘5cm处撒一周混合好的菌种，以后每层如此操作，一般铺4～5层草把，最后一层草把铺完压实后均匀撒上一层1cm厚的火烧土，并盖上薄膜。菌种用量通常为每100kg干草播入8～10kg菌种。

5.12.4　管理与采收

播种后注意遮阴、喷水、降温、保湿，当料面温度高于45℃时，要及时揭膜通风，喷水降温。高温季节一天揭膜喷水2～3次，每次间隔1～2小时。大约3天左右菌丝生满畦面，第7～10天即见小白点状的幼蕾，10～15天可采收第一批菇。采收后停水3～5天再喷水和管理，5天后可采收二批菇。一般整个栽培周期为30天，可采2～3次菇。

第6章　常见药用菌的栽培

6.1　灵芝

灵芝（图6-1）是中医药宝库中的珍品，临床上主要用于治疗慢性支气管炎、神经衰弱、冠心病、肝炎、高血压、高血脂等疾病，还可作为治疗癌症的辅助药物。灵芝全世界共有104种，我国主要有20多种可作药用。灵芝有效化学成分研究多针对菌丝体、子实体和孢子粉，其内都含有蛋白质、脂肪、多糖、纤维素、多肽、腺苷、嘌呤、嘧啶、内脂、生物碱、维生素等营养成分。灵芝制品层出不穷，社会经济效益较好。

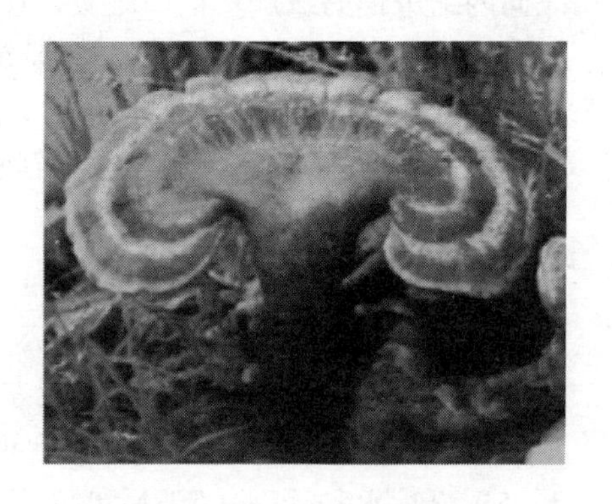

图 6-1　林中的野生灵芝

灵芝因其具有广泛的生理活性，不仅用于疾病治疗，而且是人们日常生活中的保健滋补品，已经引起了世界人民的关注和重视，深受消费者的青睐。稀有的野生灵芝已远远不能满足市场需求，灵芝的人工生产原料广泛、成本低廉，它既可作为农户庭院经济在农村推广，又能发展成为技术密集型的现代化灵芝工业，规模经营已成农村经济发展打造的重要品牌。

6.1.1　灵芝的菌物学基础知识

灵芝子实体一年生或多年生，有柄或无柄，常具坚硬皮壳。菌盖的质地为革质、木质或木栓质，其大小差异甚大。菌盖形状有圆形、半圆形、马蹄形、漏斗形数种，表面有或无光泽，有或无辐射状皱纹与环带。菌肉木材色、浅白色或褐色。菌丝在斜面培养基上呈贴生，生长后期表面菌丝纤维化，呈浅棕色或灰褐色，质地坚牢柔硬。

6.1.2 灵芝的生长条件要求

灵芝生活同其他食用菌一样，需要适宜的外界环境，当水分、养分、温度、湿度、光照、pH值等外界条件适合时才能生长发育。掌握其生长的环境因素，就可人为地造就条件，以提高产量和品质。

1．水分

水分是灵芝生命活动的基础，在适宜的水分条件下，灵芝进行正常的新陈代谢。外界的营养物只有溶解在水分里，才能通过细胞吸收，代谢产物又通过水溶解而排出体外。灵芝短期缺水，菌株处于暂时休眠状态，如长期缺水就会死亡。水分不足或过多都会影响其生长发育，且不同的生长阶段对水分的要求不同。

2．养分

营养是灵芝整个生命过程的能源，也是产生大量子实体的物质基础，丰富的养分是灵芝高产优质的根本保证。灵芝主要的营养物质是碳水化合物和含氮化合物，同时也需要少量的无机盐、维生素等。生产实践证明，在含有纤维素、半纤维素、木质素的培养基质中和含单宁多的树种如壳斗科、枫香、柞木等木材上，灵芝菌丝生长良好。

3．温度

灵芝属中高温型菌类，对温度的适应范围较广，在不同的生长阶段对温度的要求不同。孢子的适宜温度是20～25℃，菌丝的适宜温度是5～34℃，子实体的适宜温度是20～35℃。

4．空气

新鲜空气是保证灵芝正常生长发育的重要条件之一，空气不流通，氧气含量不足时，灵芝的呼吸作用受阻，菌丝的生长和子实体发育都会受到抑制。而且灵芝的子实体发育过程中对二氧化碳浓度很敏感，二氧化碳浓度0.1%时，灵芝子实体不分化成菌盖，只长菌柄，并形成多分枝的鹿角芝，使子实体畸形。因此，在灵芝子实体生长发育阶段要注意通风透气。

5．光线

适当强度的光照是灵芝完成正常生活史的重要条件，不同的生长阶段对光照的要求也不同。担孢子萌发对自然散射光线的要求比较少，灵芝菌丝生长阶段不需要光线，子实体生长发育必须有散射光线。

6．酸碱度

灵芝喜弱酸性，pH在3～7.5之间菌丝均能生长，但在4.5～5时生长较好。因此配制培养料时注意酸碱度的调节，使其有利于菌丝的生长。

6.1.3 栽培技术

1．培养基配方

配方一：枫树木屑86%、麦皮12%、石膏1%、食用糖1%。含水量62%。

配方二：青冈木屑72%、麦皮25%、石膏2%，食用糖1%。含水量65%。

配方三：棉籽壳72%、麦皮25%、石膏2%，食用糖1%。含水量60%。

2．拌料酸碱性调节

将无霉变、新鲜、洁净的原料充分搅拌均匀，含水量以60%为宜。将pH调至6～7。

3．装袋与灭菌

（1）装薄膜袋

待料水混合湿度达到装袋标准时，要及时装袋。装时紧松要一致。采用17cm宽、35cm长、0.06cm厚的聚丙烯薄膜袋。装料时轻装轻放，防止破损。

（2）灭菌

装袋后及时常压灭菌，保证在100℃以上不少于12小时。要防止温度忽高忽低，注意切勿将灭菌锅中水烧干，或水量过少、产气不多而影响到灭菌的效果。

（3）接种

菌种来源很重要，必须使用正规菌种厂家的菌种。

（4）接种方法

采用同一侧面接种或两头接种。

（5）出锅冷却

高温灭菌后的菌袋在冷却至60℃时出锅，菌袋温度在28℃，不超过30℃时放入接种室。

（6）灭菌接种

在接种前必须注意无菌操作，栽培种应在接种箱内消毒处理后备用。然后把菌袋及接种用具放入接种室内，把菌袋和一切接种工具用安全消毒剂熏蒸消毒。接种时一边打孔，一边取菌种块迅速接入洞内，并立即用套袋装好扎紧封口，以免造成杂菌污染。其具体操作参考5.11杏鲍菇的灭菌接种部分。

4．培养发菌

菌袋在培养室堆叠最适宜8～10层。菌丝体发育阶段适温24～26℃，发现温度超过30℃时，要立即打开门或窗户降温，以防高温危害。前期室内要求避光，后期要有一定的散射光。在管理中要根据具体温度情况来定通风次数，最好每天在无大风情况下，打开窗户通风换气1～2次。

5．转段管护

接种前10天为第一培养阶段，千万不要搬动；之后进入第二培养阶段，要经常检查菌丝发育情况，25～30天可长满菌筒；第46天，可转入子实体培养的排场第三阶段。

6．育芝管理

（1）建造阴温棚

用竹竿、木条、塑料薄膜、遮阴网或钢筋、铁丝等材料，因地制宜地搭设阴温双连体棚。棚高以200～220cm为宜。遮阴材料用透光度70%的遮阴网。保温保湿的农用膜应使用无毒、无害、无污染的塑料薄膜。

（2）栽培方式

1）地栽灵芝

开畦前，应根据棚膜大小做成宽150cm、深20cm、长度适宜的畦。然后选择气温在20℃以上晴天，将长满菌丝的菌棒直立，以5～8cm间距埋土填充。覆土2cm，再覆盖1cm河沙或谷壳等，以防喷水时泥土溅粘从地面长出的子实体。见图6-2。

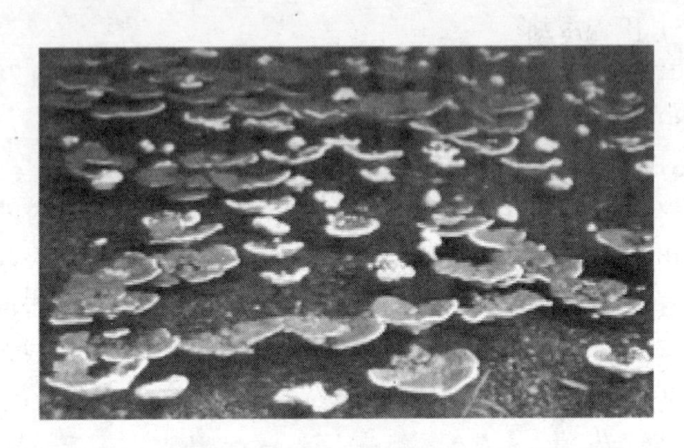

图 6-2　正在生长中的地栽灵芝

2）立体栽培灵芝

可在棚膜内用竹竿、木条或钢筋做成5～6层的立架，然后把菌袋摆在上面。

3）墙壁式栽培

可在搭好的棚架内，码叠1～1.2m高度的菌墙。见图6-3。

图 6-3　大棚内墙壁式栽培灵芝

（3）出芝管理

以上3种栽培方式，水分管理均为保持畦面湿润，棚温控制在26～30℃，地表相对湿度控制在80%～90%，经15天菌蕾即拱出。此期间，需注意空气、光照、水分等三要素，以进行菌柄伸长于菌盖生长的调节。当芝体菌盖长到直径10cm左右时，应及时控制水分，促进菌盖成熟，老化后及时采收。

(4) 采芝后的管理

清除污物及不能形成菌盖的子实体，再喷足水分，5～8天便又长出灵芝子实体。当芝盖长到直径10cm左右时，再及时控制水分，促进菌盖的成熟与采收。

7．管理要诀

①菌袋发菌培养一般在25～30天时间，菌丝即长满全袋。出现原基时，室内栽培可在菌袋的两头挽口，使子实体长出。露地则可考虑脱袋覆土栽培。不论采用室内、室外栽培，都要在子实体形成后控制好湿度，每天向地上和四周喷水3～4次。空气湿度要求在90%～94%。

②子实体对空气极为敏感，野外拱棚每天通风3～4次，每次为30分钟。如不注意通风换气，子实体则易长成畸形，将降低经济效益。

③拱棚温度超过35℃时，要增加遮阴度，采取喷洒水方式降湿，并延长通风时间，否则会影响子实体的形成和生长。

④灵芝子实体形成需要一定的散射光，而且有向光性，不论是培养室还是野外，必须光线均匀。栽培位置确定后不要随便翻动，否则也会造成子实体畸形。

6.1.4　采收、加工与分级

采收加工生产的灵芝子实体和孢子粉要重视一级产品，所以，灵芝采收加工的产品质量直接影响灵芝的价格。

1．孢子粉收集加工

在菌盖背面发现咖啡色孢子时套纸袋，纸袋的大小以36cm（长）×26cm（宽）为好。方法是从上往下套，动作要快、轻，不要碰撞子实体。从套袋到孢子粉弹射结束约需25～30天。采收后的孢子要放在盘子上，及时在50～60℃条件下烘干，然后，再置塑料袋中密封、保存和待售。

2．子实体采收加工

优良的子实体成熟后，菌盖背面白色或淡黄色，盖缘红黄色加深，孢子弹射时采收。子实体采收后要及时整理，将杂质清除干净，利用阳光曝晒，或者进烘房以在60℃左右温度下烘8～10小时为宜。

3．产品分级

灵芝的分级一般是按照芝盖的大小来决定，可分为特级、一级、二级、三级。

特级：菌盖直径15～20cm，菌柄长度3cm以上；单生或互生。

一级：菌盖直径8～15cm，菌柄长度3cm，其他要求同上。

二级：菌盖直径5～8cm，菌柄长度3cm，其他要求同上

三级：菌盖直径5cm以下或20cm以上，菌柄长度3cm，其他要求同上。

4．感观指标

外观：芝盖光滑，平展完整，菌肉丰满。

气味：特有的灵芝味，无异味。

色泽：菌盖红褐色，无白色。背面金黄色或淡黄色。

霉烂斑：无。

6.2 猪苓

猪苓子实体味美可食。菌核生于地下的土层中，块状，不规则，多肿疣，表皮黑褐色；内肉近白色或淡黄色，干后坚而实，手触感轻如软木。子实体由菌核生长，伸出地面；菌盖圆形有小鳞片和细纹；菌肉白色，与空气接触变为褐色。

猪苓（图6-4）是一种特殊的药用菌。中医用于小便不利、水肿、淋浊、带下等症，现代医学提取“猪苓多糖”治疗肿瘤效果甚好，临床常用于急性肾炎、全身水肿、尿急、尿频、尿道痛、口渴、饮水则吐、受暑水泻、黄疸等病症。

图6-4　从栽培穴中挖出的猪苓

6.2.1 猪苓的菌物学基础知识

猪苓隶属担子菌纲、多孔菌科。菌核由菌丝转化而成，呈长形块状或不规则球形，稍扁，有分枝如姜状，表面灰黑或白色至淡褐色，凹凸不平，有皱纹或瘤状突起，干燥后坚而不实，断面呈白色至淡褐色，半木质化。子实体从埋于地下的菌核内生出。菌柄往往于基部相连或大量分枝，形成一丛菌盖，总直径达15cm以上。菌盖肉质，干燥后坚硬而脆，圆形，中央为脐状，表面近白至淡褐色，边缘薄而锐，常常内卷。菌肉薄，白色。

6.2.2 猪苓的生长条件要求

猪苓喜肥沃湿润、富含腐殖质、排水良好的阴坡熟地。猪苓在地面下15cm、温度为8～9℃时，同蜜环菌共生；15～20℃时生长最适；25～30℃菌丝停止生长，进入短期休眠，或者长出子实体，渡过不良环境，以孢子繁衍生息。秋末冬初，猪苓在地面下5cm、温度低于8℃时进入休眠期。一年中4～6月和9～10月为猪苓菌丝的活跃生长期，所以栽培时间必须在此之前进行。

6.2.3 栽培技术

1. 选地、整地

最好选择海拔高度为1000～1600m的栎、槭、桦等林下，坡向东南或西南的半阴坡，以土层深厚、排水良好、腐殖质多而疏松的砂质壤为宜。

2. 繁殖方法

目前在人工栽培中，多通过栽小猪苓进行繁殖。

3. 优选良种

①猪苓菌核有猪粪、马粪和鸡粪等形状，在选种时，要选择猪粪和马粪状的作种苓。

②菌核乌黑质坚的，再生能力弱，只能作商品，不能用于作种苓。新生的一二年菌核灰黄色，用手捏压发软的均可作种选用。

③选种时间为10～12月，此时核浆定型，菌核停止生长，基本进入休眠期，内含有机物质多。

④选蜜环菌索生长旺盛的寄生树种作木段，以利猪苓菌核接触菌索而得到良好的营养。因此，选择优质菌柴和培植优质蜜环

菌，菌核才能健康生长。

4．栽培时间

最好在春季3～4月或秋季7～8月栽培，这时猪苓正好度过休眠期，进入生长期，蜜环菌也处在生长期，两者可相互建立良好共生关系。所以，蜜环菌与猪苓菌核的生长需要同步，反之不能健康生长。

5．栽培种核

（1）精选菌柴

麻栎类的青冈树段较好，负载蜜环菌生长的营养丰富，营养持久性强。

（2）栽培深度

猪苓由于喜阴凉、怕热不怕寒，在培育时，窝穴深度应在40～50cm，长宽各70cm。荫蔽的地方要浅，阳光充足的地方要深。

（3）埋植方法

栽培前首先要培育好蜜坏菌的菌种或菌材，将粗约10cm、长50～60cm的短棒堆放在坑内，接种上蜜环菌，盖土20～25cm，经过1～2个月即可使用。埋植时坑底土壤要疏松。把砍过鱼鳞口的新柴段和蜜环菌段共同在窑内间隔排放，用腐殖质土或湿沙填充菌棒空隙，菌核种放在蜜环菌棒与新柴段之间的鱼鳞口处。之后再选优质腐殖质覆盖至5cm厚。

（4）用种数量

栽时选完整无伤的新鲜野生小猪苓，或把猪苓核分成小块，每块大小如核桃一般，用手指压紧使菌核扯断的菌丝断面与菌材紧密结合。每窝用种10～15块，约250g。坑窝上面覆土成弓背形，以利排水并提高地温。

6．科学管理

刚下种后的坑窝上方不宜脚踏畜踩，菌棒也不宜扒土翻动。到了夏秋季节，要进行一次检查，小心取出1～2根新柴，看蜜环菌是否生长健壮。如干旱就要洒水保湿，若积水可开沟及时排除。检查完毕接种后须培土，三年后便可采挖。

6.2.4　采收加工

猪苓为多年生药用菌，一两年内产量不高，栽培3～4年后才进入繁殖旺盛时期。收获中要注意表面土层中的菌核以夏秋季采收为好。色黑质硬的称为商品猪苓，也就是第一代、第二代猪苓。色泽鲜嫩的灰褐色或黄色猪苓，一般核体松软，可作种核。

猪苓外皮乌黑光泽、质重、坚实、断面洁白或黄色者为佳。收获时要去老留幼，去除杂物、刷洗干净后在日光下自然晾晒，干后即可装运销售。

6.3　茯苓

据记载1403～1424年间，郑和七次下西洋时，就把茯苓（图6-5）传到了国外。所以，我国的茯苓在国际市场上已久享盛誉。目前，茯苓除药用治疗多种疾病外，人们还将其制成“茯苓糕”、“茯苓饼”、“茯苓茶”等，当作日用调补的营养食品。

图6-5　从山林中集挖的野生茯苓

茯苓味甘淡，性平无毒。入心、脾、肺、肾四经。具有利水、渗湿、健脾、安神、生津等功能。它还具有抗肿瘤的功效。茯苓全身都是宝，苓肉和苓皮都可入药，苓肉还可食用。所以，茯苓无论在医药和饮食业方面，用途都很广泛。

6.3.1　茯苓的菌物学基础知识

1. 什么是茯苓

茯苓的“种子”是担孢子，茯苓的生活史是指由担孢子萌发开始到产生新的担孢子的全过程。茯苓担孢子萌发后，就形成茯苓菌丝体，菌丝体在外观上呈白色绒毛状。在茯苓的工业化栽培过程中，通常采用的“种子”是茯苓的菌丝体，简称“菌种”。

2．茯苓的生成

茯苓菌丝附着在培养基上生长，吸收培养基养分后，相对自身也积累了足够的养分，菌丝便达到了生理成熟，由白色转变成棕红色。当生长环境的湿度由湿变干、温度由高变低时，茯苓菌丝便紧密地缠结在一起，形成菌核，俗称结苓，初始形成只有大拇指头大。

3．茯苓形态

成熟的茯苓呈不规则的圆形。幼嫩的茯苓菌核表面呈黄褐色，外皮称茯苓皮，皮内部分为白色，统称茯苓肉。幼嫩的茯苓表面常有“V”字形裂痕，可以清晰地看见白色的苓肉，并伴有乳状液汁渗出，这是茯苓菌核生长旺盛的标志。随着茯苓不断吸收培养料中的养分，菌核会逐步膨大，表皮颜色变成黑褐色，裂痕愈合，这表明茯苓发育成熟。

甘肃省陇南有野生茯苓的生长环境，笔者曾采集到干品重达36kg的茯苓。

6.3.2 茯苓的生长条件要求

茯苓是一种木质腐生菌。在自然界中喜欢透气性的砂质酸性壤土，通常生长在腐朽的树根、树桩上，尤以松蔸生长最多。人工可用松树的枝丫和松树槎进行栽培，其他代用料栽培虽然均能生长，但质量均不如松属材料的好。

茯苓菌丝的生长最适温度为10～35℃。低于10℃，茯苓菌丝基本停止生长，高于35℃，茯苓菌丝容易衰老或死亡。茯苓菌丝最适宜在中性或略显酸性的环境中生长，即pH4～7的环境。菌核生长最适温度为24～26℃，最适空气相对湿度为70%～85%。当土温低于13℃，茯苓菌核停止生长；高于30℃，茯苓菌核生长缓慢。但都不会死亡。

人工种植茯苓喜欢用马尾松、黄山松等的枝或根来提供营养。在人工栽培茯苓前的1～2个月，将砍伐的松树枝丫、树桩及根，切成长0.5～0.8m，同时纵向削皮留茎，削留各半，材径大的可削留2～4条皮、筋，堆成“井”字形，晾晒至半干，在两头或削皮处出现裂纹时，即作为茯苓的营养生长原料。

6.3.3　生产种制作

1．选用良种

优质菌种的直观标准是菌丝粗壮，浓密，白中略显淡黄色；菌丝紧贴塑料袋壁或玻璃瓶壁，塑料袋或玻璃瓶内没有红、浓黄、绿、黑等其他颜色的杂菌；塑料袋装的茯苓菌种握在手中有较硬的手感。如果菌丝细弱、稀疏，塑料袋内或玻璃瓶内有红、黄、黑、绿等颜色的杂菌，手握菌种有柔软的感觉即禁止使用。

2．常用配方

(1) 木屑种配方：松木屑 65% ～ 70%，麸皮 25%，过磷酸钙 1%，白糖 3% ～ 5%，石膏粉 1% ～ 2%，尿素 0.4%，pH 为 6 ～ 7。

(2) 松木种配方：松木片（长 10 ～ 12cm，宽 2 ～ 4cm，厚 0.5 ～ 1cm）66%，松木屑 10%，麸皮 21%，石膏粉 1%，白糖 2%，pH6 ～ 7。

3．配制方法

先把白糖溶于水，再倒入锅中，把木片放入锅里煮30分钟，注意搅动，使木片吸足糖水，然后装瓶，每瓶16～20片。或将木块放白糖水内浸泡2～4小时。然后，将松木屑、麸皮、石膏粉一起和匀，再把煮过木片的糖水拌在一起，装入菌种瓶或塑料袋中。

4．接种发菌培养

采用无菌条件，参见第3章3.3和3.4两节。接上原种后，放入28～32℃环境中培养20～30天，待菌丝长满瓶即可用于接种栽培。每支母种可接5瓶原种，每瓶原种可接50瓶栽培种。衰老棕色的菌种接种后不会结苓。

6.3.4　栽培与管理

1．选场挖坑

茯苓栽培场的坡度应选在30°以内，如坡度在30°，可挖高30～40cm、长100～120cm、宽50～60cm的坑；如坡度较小时，坑应挖浅些。

2．接种栽培

每窝放置松材约15kg，根据松材径的大小情况，可在坑内摆1～3层料，如料较粗大只摆1层，但必须削口对着削口。如菌材发现有霉菌，要先用刀刮除霉菌。然后将一袋菌种分成两半，紧靠原材料放在两根菌棒削口与削口之间。如材径较小，可摆2～3层，菌种分肉引菌种、木引菌种、纯菌种等3种，也可放小茯苓块，不论哪种接种方式，均应放在第二层。为防止雨水淋湿而影响菌种成活，应用透气性好的砂土覆盖菌材10～12cm厚，顶部成龟背形，以利排水，最后盖茅草或树枝叶以防晒保湿。

3．补种管护

接种30天后必须扒开盖土，如检查发现松材上有大量白色菌丝，则表明菌种已成活。随着时间的推移，菌丝由白变黄，再转为棕褐色时，即开始结苓；如无菌丝，应进行补种，或者从已成活的坑窝里，抽取出一根菌丝生长好的菌材，放入未成活的窝中转接菌种。苓场杜绝牲畜践踏，如木段或苓被雨水冲出，应及时盖土。接种后经9～14个月，即可采苓。

6.3.5　采收与加工

1．采收时间

木段变棕褐色、一捏即碎，茯苓外皮不出现裂纹，地面泥土不再龟裂，苓块为褐色即已成熟，应及时采收。

2．采收方式

采收从坡下至坡上逐穴采收。采收的茯苓要除尽泥土，防止创伤。采第一茬苓时，轻轻扒开土，现出苓，如苓呈黄红色、触感柔软，则说明茯苓尚未成熟，应盖上土让其继续生长。如苓皮棕褐色或棕色，用手按苓体硬中带软，则说明茯苓已成熟，可用刀切断苓体，割时千万不要伤材上的苓皮以利再生，事后还须再培好土。

3．自然发汗

采收的鲜茯苓不能暴晒或加温干燥，要待自然干燥后加工。须将鲜茯苓按不同起挖时间和大小分开，单层堆放，每天翻动一次，让水分逐渐自然蒸发。这一干燥过程叫做“发汗”。

4．加工方法

一种是未切制之前先把发汗的茯苓皮剥去，剥皮时尽量不带肉。然后将白苓切成白片，褐色分切成赤苓片。若发现茯苓内部有细松根，此即为“茯神”，更是茯苓中的上品，要单独存放。切成的苓片可晒干或在60℃温度下烘干，也可晒烘结合，一般折干率为50%～60%。另一种加工方法是取鲜茯苓剥去苓皮，然后入沸水煮熟透心。切记煮过3次茯苓后的水，必须要更换，不然继续使用会使茯苓肉质变黑，影响质量。经过煮熟之后的茯苓，将比生时变韧，然后再切成片晒干或在60℃温度下烘干成商品茯苓即可销售。

6.4　蜜环菌伴栽天麻

天麻又名赤箭，药用其干燥块茎在我国已有两千多年的历史。天麻不是菌类，为多年寄生蜜环菌的兰科植物，除用于中药外，近年还大量用于保健食品、饮料产品的原料，市场前景广阔。过去，天麻的药源长期依赖于野生（见图6-6），由于野生资源枯竭，其被列入国家珍稀濒危二级保护植物。后来，人们长期用无性繁殖法栽培天麻，但易引起麻种退化、品质差、产量逐年下降的问题，难以维继。对此，有性繁殖人工栽培天麻成功后，技术正被逐步推广普及。

图 6-6　长出种子的野生天麻

6.4.1　天麻的生物学基础知识

天麻是一种与两种真菌共生完成生活史的特殊物种。天麻的生活史（生活周期）为种子萌发至当代种子成熟，经以下3个过程。

（1）种子萌发

天麻的种胚由胚柄细胞、原胚细胞和分生细胞组成。授粉15天后，至果实干裂（约在授粉后20～21天），种子大部分借助于接菌紫萁小菇等多种共生萌发菌，在适宜的条件下萌发。共生萌发菌以菌丝形态从胚柄细胞侵入原胚细胞，菌丝侵入后，原胚细胞的细胞核明显增大，细胞质变浓，液泡也有所增大；当共生萌发菌侵入种胚后10天左右，渐与种皮等宽；种胚继续膨大，20天左右种子成为两头尖、中间粗的枣核形，胚逐渐突破种皮而发芽；播后25～30天就能观察到长约0.8mm、直径约0.49mm的发芽原球茎。天麻种子在7月份发芽最多。

（2）地下块茎的形成与生长

发芽后的原球茎，靠共生萌发菌提供营养，不管其能否接上蜜环菌，在当年都能分化出营养繁殖茎，开始第一次无性繁殖。此时，天麻种子可形成原生球茎，但只有与蜜环菌建立营养关系后才能生长、发育，形成健壮的新生麻，否则自行消亡。播种后30～40天，原球茎开始明显看到有乳突状苞被隆起，接着营养繁殖茎突出苞被片生长，如未接上蜜环菌，新生的营养繁殖茎细长如豆芽状，在其顶端生一个小米麻后消亡。与蜜环菌建立起营养关系的原生球茎，称为接菌的原生球茎，长0.5cm左右，11月份约长至2.6cm长、1.4cm宽的小米麻，最大的如小指大。蜜环菌以菌索形态侵入营养繁殖茎，也有少数侵入原球茎，当年与共生萌发菌同时存在于营养繁殖茎与原球茎的不同细胞内。营养繁殖茎与原球茎靠消化蜜环菌来获得营养，原球茎在形成健壮的白头麻后逐渐消失，而共生萌发菌也随之消失；与此同时，营养繁殖茎可长出7～8个侧芽，芽互生，由数节组成。侧芽顶端一节膨大的小白麻，随着温度的降低而进入休眠期。这样天麻就完成了第一年的生长期。

第二年4月初，月均气温回升至12～15℃，由种子形成的小白头麻和米麻结束休眠，开始萌动生长，进行有性繁殖后第二次无性繁殖。天麻的大小块茎，其顶端生长锥可分化形成子麻，其余节位上的侧芽亦可相继萌生出短缩的枝状茎，其茎的顶端膨大形成新的块茎。这些分枝称一级分枝，在一级分枝上再进行二级分枝、三级分枝，天麻的这种多芽萌发分枝特性，是其能够多代无性繁殖的基础。到5月，天麻进入旺盛的生长时期，在保持充足营养的条件下，部分小白麻迅速膨胀壮大，成为商品箭麻，其余块茎通过分枝分芽，直接提供翌年的种源。到11月份，天麻又结束了一年的生长，进入休眠收获期。

（3）天麻花序的发生及开花结果

从播种后到第三年开春，当春季气温、地温升高时，具有顶芽的天麻块茎（箭麻）会使其顶芽很快处于直立状态。头年冬季发育形成的花原基开始萌动伸长，并进行一系列的发育活动，进入从种子萌发至种子成熟的循环周期过程。

6.4.2　天麻的生长条件要求

1．环境条件

生产场地清洁卫生、地势平坦、排灌方便，周边2km以内不允许有“工业三废”等污染源，远离医院、学校、居民区，公路主干线500m以上，其大气、灌溉水、土壤质量等，完全符合绿色食品要求。

2．营养材料

天麻在自然界中喜欢透气性的砂质酸性壤土，生长在被蜜环菌腐朽的树根、树桩下。人工可用青岗树的枝丫和着蜜环菌一起进行栽培。栎属原木段是蜜环菌的最佳营养材料，其他原料栽培虽然均能生长，而质量均不如栎属的好。

6.4.3　栽培技术要求

人工栽培天麻，一般采用无性繁殖技术者多，而采用有性繁殖技术者少，即严重造成退化。这里为便于生产中掌握，特将两种技术均作以介绍，同时把管理技术也一并做以介绍。

1．无性繁殖技术

（1）场地选择

选择供排水方便、通风开阔的场所，不选用黄粘土及涝洼积水地。

（2）栽培季节

每年的2月～3月和10月～11月。

（3）选材备料

供生产天麻的营养材料要求新鲜、洁净、无污染，主料选用壳斗科的麻栎和青冈树树枝，择以3～10cm粗、90cm长的树枝截段作菌材。

（4）天麻种源

选用采集于野生天麻的白麻或米麻，或人工繁殖后未退化的第一代或第二代白麻、米麻。种源应为抗杂菌能力强的良种。

（5）蜜环菌来源

使用正规菌种厂家培育的蜜环菌菌种，或者使用未曾受污染的野生蜜环菌菌质体作菌种。

（6）建立菌床

开挖宽100cm、深25～35cm的沟床供栽培天麻，长度根据地形确定。

（7）种植与接菌

种植床下垫0.5cm厚的青冈树叶，上放截段并砍过鱼鳞口的青冈菌材树枝一排，加入野生蜜环菌或菌种场繁殖的蜜环菌菌种；或老材套新材，将菌材棒间隔放于蜜环菌枝材中。然后种入3～4个白头麻，茎芽向上，屁股脐眼靠近菌材断端或鱼鳞口与白麻脐眼间。第一层完成后即填充腐殖质土或干净湿河沙，用同样方法种植第二层。第二层种植完后，可在其上再放入一层菌材，但不再种植麻种和接入蜜环菌，而是进行覆土充填空隙。

（8）覆土与遮阴

覆盖厚约12～15cm的腐殖质土或砂质壤土，整平用树枝或茅草遮阴。

2．有性繁殖技术

（1）育种场地的选择

育种场地必须选择生态气候适应、安全、管理方便、避风、土壤疏松透气、排水性能好的平地或10°以下的缓坡地。育种也可选择在室内进行。

（2）选种与搬运

在野外选择“鹦哥嘴”健壮的天麻作种麻（见图6-7）。其标准是茎芽红润、麻体饱满、无病虫危害、无

图6-7　显示“鹦哥嘴”者为箭麻

破损。搬运时要用苔藓包装，严禁碰伤顶芽和麻体。

（3）箭麻的栽培

箭麻栽培可分冬栽和春栽两种，以早春解冻后栽培为好。箭麻本身存在着丰富的营养，完全能满足抽薹、开花、结果的需要，因此不必伴栽蜜环菌材，可直接栽培在比较湿润的土壤中。栽植前作宽60cm、长度不限的畦，两畦间留45cm宽的人行授粉道。每畦中栽2～3行箭麻，平放，花茎芽向上，覆细土3～5cm，注意防止小石块压在花茎芽上，并开好排水沟。

（4）搭棚遮阴

在箭麻出苗前应对育种场地进行遮阴，要求遮阴棚内荫蔽度为60%～70%。

（5）调节温湿度

育种温度以20～25℃为宜，空气相对湿度以80%～90%为宜。天旱时约每周浇水一次，以保持土壤湿润。

（6）人工授粉

在箭麻吐穗抽茎长出花序（图6-8）时，要将顶端的第3个花序处的薹芽摘除。若看到箭麻花柱头上粘有花粉，即为昆虫授粉；如柱头上无花粉粒，就要实施人工授粉，从异株上摘取雄蕊，粘贴放于被授粉之花的柱头上。 授粉时间以花刚开时为佳，此时花粉成块状、与沾盘接触点小，但如超过24小时沾盘的黏液干后，花粉易脱落，授粉不易成功。授粉时挑开柱头上的花粉帽，花粉很易沾在授粉针或镊子上，然后将授粉针或镊子在沾盘上再轻轻一压使花粉与沾盘充分接触，这样长出的天麻蒴果个大饱满，麻籽数量也多。

图 6-8　箭麻花序

（7）采籽

种子在授粉后的17～21天成熟。种子成熟时用手指捏带有发软感，纵纹线明显，稍一用力纵向开裂，以能看见灰黄似面粉状的种子成散状为最佳采摘期。若采摘过晚，蒴果开裂后细小的天麻种子就会脱落。塑果采收后要及时剥离出种子并将其拌入萌发菌中。如已散开的种子放置时间超过24小时，就基本丧失发芽能力。如塑果采得稍早，剥开后种子不能散开，可在室内适当放1～2天则可自然成熟。

(8) 贮存运输

成熟后的蒴果，即使在3℃的冰箱中保存，时间也不能超过3天。采收的蒴果种子要放在纸袋内，不宜放入塑料容器内久存。如路程较远不能立即播种，可将采下的蒴果装入冰壶，让其温度不超过5℃。

(9) 萌发菌制备

使用壳斗科植物树叶或在菌种室内培育的紫萁小菇等萌发菌作为种植天麻蒴果的萌发菌之用。

(10) 蜜环菌制备

使用正规菌种厂家培育的蜜环菌菌种，或者使用未曾受污染的野生蜜环菌菌质体作为栽培天麻的蜜环菌种之用。

(11) 建立菌床

开挖宽100cm、深25～35cm供栽培天麻的沟床，长度根据地形确定。

(12) 天麻种子的播种

1) 播种时间

天麻种子在温度15～25℃之间都可发芽。因此播种期越早，萌发后的原球茎生长期越长，接触蜜环菌供应营养的机率即越大，天麻产量也越高。天麻种子5月至7月都可播种，播种期主要决定在种子的收获期。采用温室育种，则可提早收获种子进行播种。

2) 种子处理

播种必须分批进行，做到随收随播。采收的种子拌入萌发菌时，菌种不可撕得太碎，萌发菌拌入天麻种子后最好再装入塑料袋中放置2～3天，待撕断的菌丝重新恢复生长至灰白色时，说明天麻种子已与萌发菌充分接触，这时播种比拌种后直接播要好一些。

3) 播种数量

每个塑果有种子3万～5万粒，一株天麻有种子近250万～300万粒。但是很多种子由于得不到发芽条件，或者发芽后不能和蜜环菌建立共生营养关系而死亡，只有部分种子得以繁殖后代保留下来。一般天麻种子播种量为每平方米20～25个果子，萌发菌2～3袋为宜。

4）播种方法

此法即三料同播法，具体又分两种方式。

①野外播种

野外播种分两层，挖槽宽70～80cm、深20～30cm、长度视具体情况而定。在底部先铺一层3～5cm松散黑沙土或富含腐殖质的土，再铺0.5cm厚的壳斗科湿透的树叶，将拌入天麻种子的萌发菌取一半均匀撒在底层湿叶上；然后平放入培养好的菌材，间距8～10cm，再一根靠一根地横放入新鲜砍过鱼鳞口的树枝段，并盖好有机质细土，其厚度超过菌材3～4cm，第二层级按上述方法摆放，最后覆土20cm左右即可。

②室内栽培

室内栽培、木箱栽培或其他容器栽培，必须下垫河砂，再铺入青冈树叶，上放截段并砍过鱼鳞口的青冈树枝一排，在每根菌材棒间点播入蜜环菌和萌发菌，并将天麻种子从蒴果中抖出撒在萌发菌上，然后填充入干净湿河砂，再覆盖厚度约15～20cm的湿河砂。其方法大致与野外播种相同。

3．管护技术

天麻生长温度以15～25℃为宜。若6～8月份发生高温天气，可在其上部覆盖一层树枝或者树叶。冬季气温低于－5℃，即需在入冬前加盖覆盖物保温。栽培天麻所用土壤或河砂的含水量以60%为宜。

栽培前应把生产场地的污染物全面清理烧毁。栽培过程中发现菌材遭有害病菌污染，应彻底清除或捡出作废品烧毁。

6.4.4　收获与加工

1．采挖

（1）无性繁殖窝

采收在“立冬”的晴天完成。方法是先用挖锄铲去表层土壤，翻起菌材，捡出天麻。收获的“鹦哥嘴”麻即为箭麻，可作为商品麻，也可作下年有性繁殖育种麻之用；白麻是有白头顶芽的中等块茎天麻；米麻仅为一个又白又嫩的粒状小锥点（图6-9）。三者应分别堆放，并作为下一步的种植之用，或作种子销售。

图 6-9 人工繁殖箱栽天麻中的米麻、白麻、箭麻

（2）有性繁殖窝

天麻种子经播种后，可在1个月内萌发成天麻原球茎。再由原球茎生长成米麻，米麻再生长成白麻，进而生长成箭麻，共需1年半时间。天麻播种当年应于秋季10月份进行检查，若米麻生长过于密集，可在该年秋季气温下降至10℃左右或在第二年春季天麻进入生长前进行疏散种植。采挖时间一般以播种的第二年秋季10～11月份为宜。米麻、白麻可作为种麻，箭麻可加工成商品麻出售。

2．分类清洗

需干制的商品麻（箭麻），应根据其大小进行分类，一般单个鲜重150g以上为一类，70～150g的为二类，70g以下的为三类，破损或受病虫危害的统归于四类。分类完毕后，按轻重缓急除杂，使用生活饮用水进行清洗。清洗时天麻在水中的浸泡时间不宜超过6个小时，洗至干净为止。

3．杀酶蒸煮

杀酶的方法是将清洗干净的天麻，按不同的分类投入水中，水量视数量占淹没天麻的1/2，从水开至100℃有足够的蒸汽时算起，一类天麻蒸煮15～20分钟，二类天麻蒸煮10～15分钟，三类天麻蒸煮8～10分钟，四类天麻蒸煮10～12分钟。蒸煮后检查横断面，白心占麻体总面积在2%以下即为合格。

4．烘晒制干

天麻数量少可采用日晒风吹的干燥办法，量大即用烘干脱水设备。在35～65℃条件下，边干燥边压扁定型，至手抓可听到响声时取出，待冷却后置适宜容器中密封。如烘晒制干时发现麻体有鼓泡情况，可用针刺放气，然后压扁定型。

6.4.5　质量标准与分级

1．分级

一等：平均单体重量38g以上；每千克天麻的数量26个以内，不含碎块。

二等：平均单体重量30g以上；每千克天麻的数量36个以内，不含碎块。

三等：平均单体重量20g以上；每千克天麻的数量50个以内，含1%碎块。

四等：平均单体重量10g以上；每千克天麻的数量100个以内，含3%碎块、空心天麻。

2．质量标准

优质天麻外观应自然扁平、椭圆光滑、体坚完整、肉质丰满、呈半透明状；气味应味甘微苦，具有天麻特有的气味，无异味；色泽应表面呈黄白色，折断面呈角质状或胶质状的淡黄色。

第7章　常见野生食用菌的仿生模拟栽培

野生食用菌，生于山林草地、长于草地山林，是天然的绿色食品。近年来，由于气候影响及人工过度采挖，致使山林、草区的野生食用菌产量急剧下降。为保护及利用野生食用菌资源，应启动实施野生食用菌仿生模拟栽培项目，进行食用菌仿生栽培技术研究，从品种选择、栽培方式、栽培方法和栽培管理等方面开展试验。

食用菌仿生驯化栽培是按照食用蕈菌对生态的要求，模拟生态系统物质循环以及种类异株克生进行食用菌与林草的合理间作、轮作和套种，营造和谐的生长环境，使食用菌的生长能与生态相和谐。目前，食用菌仿生栽培技术的试验研究还处于起步阶段，实现珍稀野生菌仿生栽培尚存在的难点，从生态和社会意义角度讲，人们正在野生菌仿生栽培的共生体上寻找突破口。与香菇、木耳等木腐菌栽培时需要消耗木材完全相反，牛肝菌、红蘑等食用菌的仿生栽培可在树木生长的同时进行，是一种促进资源增长型食用菌生产模式，是食用菌产业发展与森林资源保护、生态环境保护、农民增收和谐统一的全新模式。

7.1　牛肝菌

牛肝菌（图7-1）属菌根菌，具有很高的食用价值和药用价值。目前，国内外市场上牛肝菌干品的价格逐年上扬，优质牛肝菌干片供不应求。开展人工仿生模拟栽培，采摘和加工野生牛肝菌，对发挥山区特有资源优势，增加山区农民收入，具有十分重要的意义。

7.1.1　牛肝菌的菌物学基础知识

图 7-1　野生美味牛肝菌

牛肝菌是一种菌根食用菌，菌根菌从植物根系吸收碳、氮等营养，而菌根能扩大共生树木根系的吸收面积，增加对磷元素和其他元素的吸收和利用，促进林木的生长，增强树木的抗旱能力，提高困难地造林的成功率。同时，菌根菌能产生出植物激素，如细胞生长素、细胞分裂素、玉米素等，有利于促进林木的生长。由于牛肝菌的菌丝体缺乏分解木质素、纤维素、半纤维素的酶类，对营养成分的需求苛刻，导致牛肝菌的菌种分离培养以及菇体人工培养非常困难。

野生牛肝菌主要分布在山林区域，属高温型菌，菌丝生长适温为23～28℃，一般7～9月生长于高海拔的针叶林、针叶林与阔叶林的混交林。牛肝菌菌丝生长要求有散射光，即七阴三阳的地方。在前期干旱，7月份、8月份晴雨相间的年份出菇多、菇体生长量大。

牛肝菌的发生对外界因素敏感。在营养成分充足的情况下，温度、湿度、光照是决定其是否进入生殖生长阶段的主要因素，在其营养生长转化为生殖生长过程中，原基形成后，子实体需要氧气、湿度、水分、光照等显得更为重要。若缺乏这些条件，往往会使已经分化的原基长期停留在原先的状态，或逐渐死亡、霉烂。

7.1.2　牛肝菌的生长条件要求

1．营养

牛肝菌的菌丝不能分解木质素、纤维素等物质，碳、氮、磷等营养元素主要依靠菌根菌的输送。

2．温度

牛肝菌菌丝可在10～30℃的条件下生长，最适温度为23～27℃；子实体的生长温度为18～26℃，最适温度为22～25℃。子实体的产生和生长无需低温及变温刺激。

3．湿度

牛肝菌是一种喜湿菌类，只有在雨后湿度较大时才发生。

4．水分

菌丝生长要求培养基含水量为60%～65%，子实体生长阶段要求空气相对湿度为80%～90%。

5．空气

牛肝菌属好气性菌类，生长发育需要充足的氧气。通气状况不好，子实体呈块状，菌盖不易展开，已展开的菌盖边缘也会向上翻卷。

6．光照

牛肝菌菌丝生长不需要光，似乎还怕光，已长好的菌丝体放在明亮的环境中一段时间，气生菌丝会萎缩，呈倒状。但子实体的形成却需一定的散射光刺激，同时只有在散射光较充足时，菌盖才会出现美丽的鲜红色。

7．酸碱度

牛肝菌喜富含腐殖质的酸性土壤，pH以5～6为宜。

7.1.3　牛肝菌仿生模拟栽培技术

1．建立牛肝菌互生互利关系

牛肝菌是我国野生菌最大的种群，其中美味牛肝菌价格是蘑菇等菌类产品的几倍。实行牛肝菌人工仿生栽培，就是使牛肝菌与共生苗木建立互利互惠的共生关系，在树木生长的同时，保育产生出牛肝菌子实体，与香菇、木耳等木腐菌栽培需要消耗木材完全相反，这是一种食用菌产业发展与森林资源、生态环境保护、农民增收和谐统一的全新模式。

2．采集和繁育牛肝菌菌种的方法

第一步，选择适宜的品种，采集符合规范的牛肝菌子实体；第二步，在无菌的条件下，制作出试管培养基；第三步，在无菌条件之下，进行子实体组织分离，并将分离的组织块，用很快的速度移入试管培养基的中央；第四步转管分离和扩繁菌种，培养繁育出菌丝体。

3．移菌接种形成菌根

将牛肝菌移菌接种至可与其自然共生的植物如落叶松、桦栎的幼苗上，使苗木成为接种感染苗；给予感染苗和牛肝菌的菌丝体适宜的生长环境条件，再将感染苗植于适宜的土壤中，人工保护抚育几年后，牛肝菌子实体即可长出。

7.1.4 特征识别与采摘

野生牛肝菌种类较多，目前国内已发现可食用的有：美味牛肝菌、华美牛肝菌、缘盖牛肝菌、褐环粘盖牛肝菌、点柄粘盖牛肝菌等20多个品种。美味牛肝菌和华美牛肝菌的主要特征均为菌朵单生、较大，肥腴肉厚，菌柄粗壮，菌盖伞形，菌盖和菌柄为赤褐色或黄褐色，菌体受伤或切开不变色，干品为白色至黄褐色，干品香气浓厚、纯正。红网牛肝菌等品种有一定毒性，采摘时注意用图谱对照识别，以免误食中毒。在7～9月份，如晴雨交替的天气出现4～6天后，即可上山采摘。以晴天露水干后采摘最好，在阴雨天采摘所得牛肝菌的质量较差。

7.1.5 加工技术

1．采收后处理

（1）选菇

野外采摘的牛肝菌有时会混有杂菌、杂物，加工前要仔细精选，将不同种类的牛肝菌进行分类，分别加工，以保证加工产品的纯正。

（2）摊晾

采后不能及时加工的牛肝菌应在通风处摊晾。雨天或阴天采摘的菇体含水量高，要在通风干燥处摊晾3～5小时，以降低菇体水分。

（3）去杂

用不锈钢刀片，削去菌柄基部的泥土，除去枯叶、碎草等杂物，使产品净度达标。

(4) 分类

按牛肝菌的种类、大小、菌伞的开放程度进行分类，分成幼菇、半开伞菇、开伞菇等类别，进行切片加工。

2. 切片方式与厚度

切片方式与厚度影响到产品质量，切片过薄，菌片易碎难掌握，外观形状差；切片过厚，脱水难度大，干品色泽差，易出现褐变。切片要求厚薄适度，均匀一致。正确的操作方式是用不锈钢刀片沿菌柄方向纵切成片，片厚1cm左右，尽量使菌盖和菌柄连在一起，切下的边角碎料也可一同干制。切片时不宜用生锈的菜刀，否则会影响干片的色泽，降低商品质量。

3. 摆片晾晒

切片后要及时脱水干制，干制前必须按菌片的大小、厚薄、干湿程度分别摆放。晾晒可将菌片放在竹席、窗沙或干净的晒筛上，摆片时切忌重叠堆积。晒晾时要随时翻动菌片，让其均匀接受阳光照射；菌片不能在室外过夜，粘附露水会导致菌片变黑，更不允许遭受雨淋。

4. 脱水干制

将经过晾晒的切片干制脱水，烘烤菌片时可用烘干机或烘房，量少也可用红外线灯或电烘烤。烘烤起始温度为35℃，以后每小时升高1℃，直至升温到60℃持续1小时后，又逐渐将温度降至50℃。烘烤前期启动通风窗，烘烤过程中通风窗逐渐缩小直至关闭，一般需烘制10小时左右。要一次性烘干，烘至菌片手抓时"沙沙"作响为止。如鲜片含水量较大，烘时温度递增的速度应放慢，骤然升温或温度过高会造成菌片软熟或焦脆。烘烤期间要根据菌片的干燥程度，适当调换筛位，以使菌片均匀脱水。

7.1.6 分级标准

对烘干或晒干的牛肝菌片，经自然回软后，即可进行分级包装。根据牛肝菌片的色泽、菌盖与菌柄是否相连接等外观特征，将产品分成4个级别标准。

一级品：菌片白色，菌盖与盖柄相连，无碎片、无霉变和虫蛀。

二级品：菌片浅黄色，菌盖与菌柄相连，无破碎、无霉变和虫蛀。

三级品：菌片黄色至褐色，菌柄与菌盖相连，无破碎、无霉变和虫蛀。

四级品：菌片色泽深黄至深褐色，允许部分菌盖与菌柄分离，有破碎、无霉变和虫蛀。

其余为等外品，菌片分级后先用食品袋封装，再用纸箱包装，运输过程要轻拿轻放，严禁挤压，贮藏必须选择阴凉、通风、干燥和无虫鼠危害的库房。

7.2　松口蘑

松口蘑（图7-2）又名松茸，菌肉肥厚，具有浓厚的特殊香气，味道鲜美，是名贵的野生食用菌。民间将此菌火烤蘸盐食用，味道极好。经试验检测松口蘑中含有蛋白质、脂肪、多种氨基酸和维生素。松口蘑子实体富含荷尔蒙，具有强身、益肠胃、止痛、理气化痰和强肾之功效。

图 7-2　野生松口蘑

7.2.1　松口蘑的菌物学基础知识

1．子实体特征

松口蘑同树木形成菌根，子实体散生或群生。松口蘑菌盖扁半球形至近平展，污白色，具黄褐色至栗褐色平状的纤毛状鳞片，表面干燥，菌肉白色，肥厚。菌褶白色或稍带乳黄色，较密，弯生，不等长。菌柄较粗壮，菌环以下具栗褐色纤毛状鳞片，内实，基部稍膨大。菌环生于菌柄上部，丝膜状，上面白色，下面与菌柄同色。

2．生态习性

松口蘑秋季生于松林或针阔混交林地上，群生或散生。松口蘑为外生菌根菌，其在森林中生长发育的过程比较明显，能和多种树的根系形成共生关系，并且依赖宿主提供的碳水化合物生长和出菇。因此，随着枯枝落叶层品质的上升或下降以及存活下来的菌根菌抗逆性的强弱变化，松口蘑的产量也跟着上下浮动。在树木生长的不同时期，子实体出现的顺序被称作生态演替系列，共生阶段早期不产生子实体，晚期阶段才产生子实体，第一次出菇时才算共生关系成熟。

3．蘑菇圈现象的形成

自然界中常发现，松口蘑有环绕单个树木环形或放射状出菇的现象，这个以宿主为中心的圆形区域被称之为菌菇圈。这种模式反映了个体根系的演替过程，这种过程在某些方面与树木下层的土壤类型变化有关。松口蘑产量由于受降水量、温度、光照等气候条件影响，几乎每年的产量变化幅度很大。在采集中个别标记过的松口蘑蘑菇圈位置不变，或许每年仅延伸1～5cm，可见，松口蘑的菌丝体发展速度极慢。

7.2.2　松口蘑的生长条件要求

经笔者多次调研发现，松口蘑在松树、青岗树树林内生长旺盛，能适应各种不同的土壤、天气、宿主，其附着生长在活着的树根上，并能分解落叶与腐殖质，与其他大型真菌竞争营养。松口蘑子实体在树荫浓密、树种丰富的地方大量结实。子实体一般在秋天形成，尤其是雨季过后天气放晴时其生长的速度最快。到达林地的光量会影响松口蘑出菇，70%的遮阴度对松口蘑结实而言是十分理想的。温度变化是影响松口蘑产量的另一个重要因子，降雨是开始出菇时温度降低的影响因子，当温度下降到5℃生长缓慢。子实体形成的理想条件是先降雨和降温，随后是3～5℃的升温，此阶段松口蘑长势旺盛，再接着是伴随降雨的进一步冷却降温并保持昼夜温差大，此时子实体即全面发育成熟。

7.2.3　松口蘑仿生栽培技术

1．寻求松口蘑生长的优良环境

松口蘑人工仿生栽培在于建立起与树木互利互惠的共生关系。所以，松口蘑的生长和产生关键是找到同松口蘑生长环境基本相似的森林资源和生态环境。

2．采集菌株和繁育菌种

第一步，选择和采集规范的松口蘑子实体；第二步，在无菌条件下制作培养基；第三步，创造无菌条件，将子实体组织分离装入试管；第四步，再次分离和扩繁出菌种；第五步，培养繁育出菌丝体用于栽培。

3．移菌接种形成菌根

用自然共生植物落叶松、桦、栎幼苗，移菌接种感染苗木合成菌根，使苗木成为接种感染苗；给予感染苗和菌丝体特需的共生环境条件，再将感染苗植于适宜的富含腐殖质的土壤中，人工保护抚育2～3年后子实体即可长出。

7.2.4　留种保育及采收

1．控制采收数量

对未等孢子散发的松口蘑童茸进行商业化采收会降低未来出菇产量。采用合理的单株留存采收技术，对于保育牛肝菌使其永久繁衍意义深远。为了给当地农民带来可观的循环收入、维持资源的可持续发展，每年应控制采收量为总量的60%。

2．采收步骤与注意事项

在松口蘑林区单株树或树群范围内，采收过程中的前期，要除去枯枝落叶层、耙松森林地表被覆物，挑选成熟松口蘑采收。伐木、放牧等都会影响到松口蘑的产量。最有价值的子实体是未成熟开苞的个体，这种松口蘑还没从枯枝落叶层中显露出来。实践中发现，人为翻耙枯枝落叶层寻找松口蘑时，会干扰菌丝体生长或破坏落叶层潮湿的微环境，而影响原基的微环境循环，因耙耕地表会伤害地力，减少随后几年的松口蘑产量。合理采收，掌握正确的科学采集技术，采集者可以年复一年的采收到松口蘑。

3．保育与采收并举

寻找到松口蘑时，清除覆盖在菌盖处的土壤和落叶，然后一只手轻轻环握菌盖，圆周摇动采摘。或者在离松口蘑10cm处把工具插入土里，刚刚深及菌柄基部，撬起松口蘑。不要翻耙或破坏森林地表层，只采摘具有理想尺寸和商业价值的子实体，不采太老而不能出售或食用的子实体，让其散发孢子。采收后要将土壤和枯枝落叶层恢复到采收前的自然面貌。

7.2.5　加工分级

（1）松口蘑商品质量要求

松口蘑商品的质量要求严格，销售时要求松口蘑带有完整的菌柄，而且表面清洁，新鲜、无损伤、无虫害，储存湿度不超过70%。

（2）贮运要求

松口蘑通常装在8℃的恒温容器内，从采收点运输到包装厂，然后在4℃条件下，再快速地运至国外销售。

（3）六级分级体系

一级：幼嫩，带有100%完整菌幕，无缺口。

二级：带有50%菌幕。

三级：带有小块至50%的菌幕。

四级：菌幕完全破裂，但菌盖边缘完整。

五级：平坦、完全成熟。

六级：过熟或有虫蛀。

7.3　羊肚菌

羊肚菌（图7-3）珍稀味美，是世界上珍贵稀有的食用菌，属高级营养滋补品，含有多种人体需要的氨基酸。在人类医药治疗和保健方面，具有补肾、壮阳、补脑、提神的功能。对头晕、失眠、肠胃炎症、脾胃虚弱、消化不良等有治疗作用。由于羊肚菌香味独特、食疗效果显著，目前在国内

图 7-3　野生羊肚菌

售价很高，在西欧国家供不应求，价格一直上扬。

7.3.1 羊肚菌的菌物学基础知识

羊肚菌属于盘菌目、羊肚菌科、子囊菌属。子实体肉质稍脆，菌盖近球形至卵形，顶端钝圆，表面有许多小凹坑，外观似羊肚；小凹坑呈不规则形或近圆形，白色、黄色至蛋壳色，干后变褐色或黑色；棱纹色较浅淡，纵横交叉，呈不规则的近圆形网眼状；小凹坑内表面布以由子囊及侧丝组成的子实层。菌柄粗大，色稍比菌盖浅淡，近白色或黄色；幼时上表面有颗粒状突起，后期变平滑，基部膨大且有不规则的凹槽，中空。在春末夏初及初秋季节，常生于阔叶林中地上或林缘空旷处及草丛间，有时也见于河滩地上或腐木上。

笔者经在陇南十几年的调查研究和栽培试验发现，温度对羊肚菌的影响较大，早春大地初暖之时，特别有利于羊肚菌的发生，但发生季节很短，通常发生于4月底至5月初，时间只持续20天左右。以此看出，羊肚菌栽培难度比一般担子菌要大得多。

7.3.2 羊肚菌的生长条件要求

1．环境

在调研中发现，陇南的羊肚菌，多野生在东南西部海拔800～1500m的树木稀疏林中地上。地貌、气候、水文、土壤、植被和昆虫等构成林地区系生态环境，而土壤和植被是直接关系到羊肚菌分布的主要因素。排水良好、林内光线比较充足、地表空气潮湿、昼夜温差较大的地带产量较丰。

2．温度

野生羊肚菌菌丝体在陇南山地的生长时间为4～5月份，这时林下10～12cm落叶层的平均温度为11～13℃，而子实体发生盛期为5月上旬至6月上旬，日平均温度在13℃，有时日平均温度达16℃。羊肚菌的孢子粉经笔者试验，新鲜成熟的子实体孢子粉在25℃以上时开始弹射，30℃以上时弹射猛烈，45℃时可全部弹射完毕。据测定，在羊肚菌的菌丝体生长阶段，以昼夜温差10～16℃子实体最易形成。

3．光照

据观察，羊肚菌子实体一般生长在林中腐殖质之上，如成熟时用受到微弱光线刺激与从黑暗的落叶层中长出来的子实体相比，接触过一段时间弱散射光的子实体与完全的黑暗环境中生长的子实体相比，看起来显得矮而健壮。这一点可以说明一个问题，即微弱的散射光照，对羊肚菌子实体的生长发育极为有利。但是通过观察也发现，强烈的直射光照，对羊肚菌子实体的生长发育有着不良影响。

4．湿度

羊肚菌子实体旺盛发生时，测试出林间空气相对湿度为80%～85%，土壤含水量为50%～55%，土壤含水量低于40%不利于羊肚菌菌丝体的生长和子实体的发育。

5．空气

羊肚菌极喜欢新鲜的空气，氧气太少、二氧化碳积累过多的地方，羊肚菌很少发生，即使发生质量也很差。鉴此，羊肚菌生长需要含氧量充足的新鲜空气。

6．酸碱度

陇南羊肚菌产地的pH在6.9～8.0之间，大于8.0或小于6.9时，便很少见到羊肚菌的发生。

7.3.3 羊肚菌模拟仿生栽培技术

1．仿生驯化

野生羊肚菌的菌丝体，主要通过分解落叶和动物粪便来获取营养。羊肚菌过去只能靠野生采集，产量少，采集困难。人工栽培羊肚菌，一直是菌物学家和生产者最感兴趣的研究课题。随着食用菌产业的发展，我国许多大专院校及科研单位进行研究探索，经过长期不懈的努力，现仿生驯化试验已取得一定成果，初步掌握一些瓶栽、箱栽、盆栽、袋栽和室外大床等模拟栽培方法，但产量还难以突破。其技术难度不在于菌种的繁殖，而在于营养基质和温度的调控。

现阶段试验栽培的方法是将羊肚菌栽培过程分成4个阶段：菌核形成期28～35天、菌丝定植期6天、菌丝纽结诱导期1天，子实体生长期33天，整个栽培周期约68～75天。人工栽培羊肚菌的技术关键，主要是在羊肚菌营养生长阶段供给养分促其形成菌核，并以菌核作为接种体诱发其长出新菌丝并形成原基，在一定的环境条件下，再促使原基长大形成子实体。

2．培养基配方

配方1：木屑50%、农作物秸粉24.5%、麸皮18%、磷肥1%、石膏1%、石灰0.5%、腐殖土5%。

配方2：木屑76%、麸皮17%、磷肥1%、石膏1%、腐殖土5%。

配方3：棉籽壳75%、麸皮18%、石膏1%、石灰1%、腐殖土5%。

3．装袋灭菌

配料含水量60%，即手握配料成团，丢于地面散为度。料拌好后堆积发酵20天，采用17cm×33cm聚丙烯或聚乙烯塑料袋装料，每袋装料600～800g。在100℃条件下蒸汽灭菌8～12小时，灭菌后晾至28℃即可接入菌种。

4．接种培菌

具体接种要求和操作过程可参见章节5.1.4。在接种方面，可采用两头接种，封好袋口，置于22～25℃暗室发菌。培养30天左右，菌丝可长满培养袋。此时将温度降低至18～22℃培养5～6天，以使菌丝生长旺盛、粗壮。

5．脱袋栽培

（1）室内仿生栽培

菇房消毒后即可进行脱袋出菇栽培。先在每层床面上铺一块塑料薄膜，再铺3cm厚的腐殖土并拍平，然后把脱去塑料袋的菌棒逐个排列在栽培床上；排完菌棒后，覆土3～5cm，用木片将土刨平，然后喷水；3天后土层见白，第2次覆土3～5cm，覆土后表面盖2cm厚的竹叶或阔叶树落叶，之上盖塑料布保持土壤湿润。栽培后每隔7天揭膜通风2小时，以后保持覆土潮湿不干裂。

（2）室外仿生栽培

在野外选光照三分阳七分阴的林地作畦。畦宽1m，深15～20cm，长度不限。整好畦后喷雾浇水一次，并用10%石灰水杀灭畦内害虫和杂菌。脱袋排菌棒方法与室内栽培相同，只是底层不可铺塑料薄膜，要注意畦内温度变化，防止阳光直射。野外栽培主要是抓住早春季节，利用自然温度，再通过人为加以调控在3～18℃之间，以8～12℃最佳。栽培后每隔10天揭膜通风1小时，以后保持覆土潮湿不干裂即可，还要在畦周围设围栏，以防牲畜践踏。同时喷洒石灰水和敌敌畏杀虫剂进行驱虫。但千万不可使药液超标流入栽培料内。

7.3.4 出菇管理

1．温湿度管理

羊肚菌室内仿生栽培脱袋覆土后，在正常气温下约一个月即可出菇。野外畦床栽培通常到第二年3月中旬，气温上升到12～18℃时，子实体才开始发生。羊肚菌从栽培到出菇这一阶段，主要是保持床面覆土潮湿。具体管理是经常用喷雾器向表面覆盖的树叶上喷水，切不可使多余水分流到栽培料内。当有部分子实体出土时，应去掉部分树叶，将盖膜两头掀起，保持空气新鲜，提高湿度到50%～80%，几天后羊肚菌可大量长出。羊肚菌盛产期在3月20日至4月20日之间，温度12～18℃是生长高峰期。

2．生长期管理

羊肚菌菌丝达到生理成熟时，形成菌带，然后产生白色绒毛团并集中组成菌核。在菌核上出现晶亮的小水珠，从小水珠中间形成突起的子实体原基。该原基由初始的小油菜籽大小的黑点慢慢升高长大，长到麦粒大小时就可辩出子实体轮廓、看清菌柄和菌帽的特征。这时要精心管理，防止太阳直晒以及大风、干旱、大雨、霜雪等危害。

3．成熟期管理

通过精心管理，如空气湿度在85%～90%，室内栽培1个月后可长出子实体。羊肚菌出土后7～10天就能生长成熟，一般颜色由深灰色变成浅灰色或褐黄色就可采收。室外栽培出菇时间要长些，一般需要85天才长出子实体。

7.3.5 采收加工

1．成熟期

羊肚菌室内仿生栽培播种后，1个多月就可见菇采收，当年可收一茬菇。野外仿生畦栽一般经3～4个月才可长出子实体，最快需要80～90天，最慢需要4～5个月。羊肚菌成熟的标准是子实体生长度达到圆挺，可主要从色泽上区分，当子实体由深灰色变为浅灰色或褐黄色、菌盖网眼充分张开、子实体由硬变软时，说明其生长已经成熟，可以采收。成熟后若不及时采收，会很快被病虫污腐，最后留下不可食用的子实体躯壳。羊肚菌生长成熟参差不齐，必须分批采收。

2．采收方法

采收时不要伤害周围小菇蕾，要用手捏住菌柄，左右摇动连根拔起，顺便剪去泥脚，放入筐内。

3．干制加工

羊肚菌不加工就会发生菌蛆、线虫等病害。晒干或烘干是目前采取的主要干制方法，在烘干时不要弄破菌帽，以保持其完整。烘干时不能直接将子实体放在木炭或柴火上烟熏火烤，而应放在烘干箱或烘干室内烘干，以保持菇体完整，保证产品质量。

4．分级包装

羊肚菌烘干后，应按大小分级，及时用密封塑料袋盛装。在干制和装袋过程中，不要将菌盖碰破，须保持完整，并按所分等级在塑料袋内防潮保存。

一级品：尖顶羊肚菌，剪柄。

二级品：尖顶羊肚菌，不剪柄。

三级品：圆顶羊肚菌，剪柄。

四级品：圆顶羊肚菌，不剪柄。

第8章　绿色食用菌病虫害防治

绿色食用菌的虫害、鼠害及病菌防治有别于普通食用菌产品，它是食用菌虫害、鼠害及病菌防治技术的升华。绿色食用菌与普通食用菌防治技巧的最大区别在于满足普通食用菌的质量前提下，严格地限制了操作规程，只允许留住食品营养，不允许破坏产品质量。绿色防治既是绿色食用菌质量特色的保证手段，没有质量特色的保证，绿色食用菌的生产与普通食用菌的生产之间便没有技术区别，同时它又是产品质量水平和生产实力的集中体现，是品牌的一种形象识别。

8.1　常见病虫害种类

8.1.1　常见侵袭食用菌的虫害

侵害食用菌的虫害主要是菇蝇、螨类和线虫。

1．菇蝇

菇蝇无处不生，虫体较大，容易识别。成虫外形如蚊，淡褐色或黑色，触角很短；幼虫是头尖尾钝的蛆，卵黄白色或淡白色。成虫和幼虫都喜欢取食菌丝和子实体。菇蝇的繁殖力极强，一只雌菇蝇可产卵300只。

2．螨类

螨类又称菌虱，有粉螨和蒲螨两种。粉螨体大，白色发亮；蒲螨体小，肉眼不易察见，呈咖啡色，似粉状。螨类繁殖极快，一经侵入，防治困难，危害极大。螨类对菇耳等食用菌类的侵害，主要是集中在菌丝体周围，吞食菌丝，让其大幅度减产或彻底绝收。

3．线虫

线虫是一种蠕虫，体型极小，约1mm左右，线虫的繁殖极快，主要特点是咬食菌丝，常发生在栽培后期，由于菇场环境不洁，使线虫得以侵入造成危害。

8.1.2　食用菌的常见病害

食用菌的病害通常是由生长发育受阻等生理问题或杂菌引起的。污染食用菌的杂菌，主要是青霉、木霉、链孢霉、曲霉、根霉和毛霉等属的霉菌，同时也有细菌和病毒。食用菌的病害常见的有褐腐病、褐斑病、软腐病等。以下简单扼要地介绍食用菌常见的5种病害，供生产中参考。

1．褐腐病

又称水泡病、湿泡病等。主要危害蘑菇、草菇、平菇等。该病是由一种名为疣孢霉的病菌引起的。主要特点为：疣孢霉的分生孢子和厚垣孢子只感染子实体，不感染菌丝体。子实体受到轻度感染时，菌柄肿大畸形成泡状，故叫湿泡病。但子实体发育阶段不同，病症也不同。子实体未分化时被感染，则呈现出不规则组织块，上面覆盖一层白色绒毛状的菌丝，之后菌丝逐渐变成暗褐色，常从患病组织中渗出暗黑色汁滴。菌盖和菌柄分化后感染，菌柄变成褐色，感染在菌褶上则有两种白色的菌丝生长物。

病因：疣孢霉是一种普通的土壤真菌，菇房周围的土壤和废弃物是它的病源。因此，疣孢霉病菌主要是通过覆土、空气、操作人员、工具及昆虫、老鼠等，携带传染给菇房及菌基包块的。

2．枯萎病

又称死枯病，是一种生理性病害。主要危害蘑菇、平菇、凤尾菇、白灵菇、滑子蘑等。主要特点为：菇蕾形成后，大小不等的子实体都可以发生此病。发病后子实体停止生长，变黄、逐渐萎缩、变软、变干，最后枯死或腐烂。

病因：发生此病是食用菌生长发育受阻的结果。主要原因是原基形成后培养料过干而使菇蕾枯萎，或者是出菇过密，营养供应不上，使部分小菇死亡；或者是菇房温度过高，湿度过大，通风情况不好，缺少氧气，使空气中的二氧化碳含量过多。

3．畸形菇病

食用菌在形成子实体期间，倘若遇到不良的环境条件，使子实体正常发育受阻，便会产生各种各样的畸形现象。主要特点为：菌盖小而薄、柄细长、开伞早。这种现象平菇多发生在头茬菇之后，而香菇则发生在子实体生长初期。长柄菇主要发生在子实体形成期间，子实体表面呈珊瑚状或菌盖极小，而菌柄根部粗大。

病因：高温、光线不足，通气不佳、二氧化碳含量过高，氧气成分太少。子实体一般在生长过程中有趋光性，菇房中的光线不均匀会造成子实体都向有光的一面倾斜。如果食用菌在生长过程中经常出现菌丝萎缩甚至发生死亡的现象时，主要是菌种不健壮，接种到新的培养料上不吃料，或者培养料含水量不适宜，过于干燥或湿度过大，其次培养温度过高易造成烧菌现象。除上述原因外，培养料内通气情况差，或是培养料中的酸碱度不适宜也是造成畸形菇病的原因。

4．猝倒病

又称枯萎病，主要是由镰包霉和菜豆镰霉所引起。该病症是子实体被侵染后，菌柄髓部萎缩变成褐色，菇体变得矮小不再生长。此病发生的早期，染病菇几乎与健康菇在外形上没有差别，故不易察觉，只是菌盖变暗，菇体不再生长，最后变成僵菇。

病因：镰包霉可在土壤中长期存活，土壤传染是主要传染途径，另外空气和使用的器具等也是其病的传染途径。

5．青霉病又称绿霉菌，食用菌生产中常见的青霉菌种类有淡紫青霉、鲜绿青霉、疣孢青霉等。青霉菌在平菇、蘑菇、香菇等多种食用菌制种和栽培过程中，均能侵染造成危害。

病因：同褐腐病、猝倒病的侵染情形基本相似。

8.1.3 鼠害

老鼠无处不有，菌种场、菇房和菇棚内，一定要做好灭鼠工作，防止老鼠乱窜，咬食菌丝和子实体，传播病菌和病毒。

8.2　科学防范措施

8.2.1　严格控制环境卫生条件

1．搞好卫生，净化空气

生产场地的每个角落，包括空气、土壤、各种有机物质都会有杂菌的附着存在。一切消毒、接种等工作要严格按操作规程进行，不能有任何马虎大意，否则将降低成功率，造成歉收和大的经济损失。

2．以防为主，控制环境

在食用菌栽培上，霉菌污染的轻重程度，主要取决于温度、湿度、通风换气及供氧情况等。如环境不佳，菌丝体孱弱不能正常蔓延生长，杂菌即会乘虚而入迅速繁衍。因此，在培养室和生产场地，均需经常或按时喷撒生石灰消毒杀菌，尽可能给菌丝体、子实体的生长发育提供良好生态环境。

3．杂菌发生后及时处置

由于气温过高、湿度过大以及管理不善，有时会有杂菌的污染。清除时如杂菌产生在局部的表面，可以将表层杂菌挖尽或清除。若杂菌已污染到整个基质，就要拣出作废品处理。

8.2.2　杜绝杂菌污染的措施

①防备原料变质，不用变质的原料。即使用无发霉、无腐败、无变质的“三无”原料。

②防止接种消毒不严格、操作不当。

③在拌料时适当提高pH，加1%～3%的生石灰粉或喷2%的石灰水可抑制杂菌生长。

④控制环境，保护培养场所，不让有害菌侵入。

8.2.3　农药防治方法

可使用的农药有：0.5%的敌敌畏、1：800倍除虫菊醋、石硫合剂、40%乐果乳剂、90%敌百虫等。但是只许每季度仅使用一次，以防虫类增加抗药性，或者给产品带来危害。为预防菌、虫在培养室或培养场所栖息繁殖，要提前喷药杀虫灭菌，做到“一网打尽”。局部发生病症时，可用8%～10%的石灰水涂擦或在患处撒石灰粉，也可先将其挖除，或发病处喷1∶500倍多菌灵，隔10小时后再喷3%～5%的硫酸铜溶液杀死病菌。

8.3 新型防治办法

8.3.1 生态防治

根据食用菌和病原菌所要求生长条件不同的特性，要尽量创造一个有利食用菌生长、生存的生态环境，特别要注意防止病害的发生。这里仅举例3种，供生产时参考。

1．预防葡枝霉

葡枝霉是侵染蘑菇的主要病原菌之一，常引起菇体软腐，俗称软腐病。葡枝霉生长适宜的pH为3.4，而蘑菇菌丝体生长适宜的pH为6.5～7。在蘑菇生长发育过程中，由于代谢活动不断产生有机酸而使培养料变为微酸性，因此，在水分管理中，可用2%石灰水喷洒，既有利于蘑菇生长，又可抑制病原菌的发生。发病后也可用石灰粉撒在病区表面，以控制病菌蔓延。葡枝霉孢子萌发和菌丝体生长最适的空气相对湿度为100%，而蘑菇菌丝体生长期最适的空气相对湿度为68%～70%，子实体发育期间80～90%；所以，在菇房喷水后要注意通风，在发病期间，菇床的湿度应掌握宁干勿湿的原则。葡枝霉的孢子不耐高温，如果覆土经过曝晒处理，或用70℃蒸汽进行土壤消毒，可有效地杀死病原菌孢子。

2．预防木霉

香菇在制种中，极易受木霉的侵染，利用香菇和木霉在菌丝体生长阶段对温度条件的不同要求，采取不同的生态条件以防治木霉的危害。香菇菌丝体在25℃以下生长最好，在16℃左右香菇菌丝体的生长速度大于木霉菌丝体的生长速度；木霉菌丝体在25～30℃生长最好，在25℃以上木霉菌丝体生长速度大于香菇菌丝体的生长速度。根据这一特点，在香菇接种后，先在16℃下培养，待香菇菌丝体占满培养料的基质料面后，逐步提高温度至25℃，这样就可避免木霉的侵染。

3．预防链孢霉

链孢霉在高温高湿的环境下易发生，把栽培环境的空气相对湿度控制在70%、温度控制在20℃以下，链孢霉的生长就会迅速受到抑制，而食用菌的生长几乎不受影响。

可见，环境条件适宜程度是食用菌病虫害发生的重要诱导因素。因此，栽培者要根据具体品种的生物学特性，选好栽培季节、做好菌业菇事安排，在菌丝体及子实体生长的各个阶段，努力创造其最佳的生长条件与环境，在栽培管理中采用符合食用菌生理特性的方法，促进子实体健壮生长，提高其抵抗病虫害的能力。此外，选用抗逆性强、生命力旺盛、栽培性状及温型符合要求的品种，使用优质、适龄菌种，选用合理栽培配方，改善栽培场所环境，创造有利于食用菌生长而不利于病虫害发生的环境，都是有效的生态防治措施。

8.3.2　物理防治

利用不同病虫害各自的生理特性和生活习性，采用物理的、非化学农药的防治措施，也可取得理想效果。如利用某些害虫的趋光性，在夜间用灯光诱杀；利用某些害虫对某些食物、气味的特殊嗜好，可进行投食诱杀。此外，使用防虫网、黄色粘虫板、臭氧发生器等都是常用的物理防治方法，还可采用黑光灯等物理方法防治和诱杀菇蚊、菇蝇等害虫。

8.3.3　生物防治

1．占领作用

绝大多数杂菌很容易侵染未接种的培养基，相反，当食用菌菌丝体遍布料面，甚至完全“吃料”后，杂菌就很难发生。因此，在生产中常采用加大接种量、选用合理的播种方法，让菌种尽快占领培养料，以达到减少污染的目的。

2．捕食作用

有些动物或昆虫可将某种害虫作为食物，通常将前者称作后者的天敌。如蜘蛛捕食菇蚊、蝇，捕食螨是一种线虫的天敌等。

3．拮抗作用

由于不同微生物间的相互制约、彼此抵抗而出现微生物间相互抑制生长繁殖的现象，称作拮抗作用。在食用菌生产中，选用抗霉力、抗逆性强的优良菌株，就是利用拮抗作用的例子。

4．寄生作用

寄生是指一种生物以另一种生物为食物来源的现象，它能破坏寄主组织，并从中吸收养分。如苏云金芽孢杆菌和环形芽孢杆菌对蚊类有较高的致病能力，其作用相当于胃毒化学杀虫剂。目前，常见的细菌农药有苏云金杆菌、青虫菌等；真菌农药有白僵菌、绿僵菌等。

5．利用作用

用有益生物及生物农药防治病虫害，有互为利用的作用，是发展的方向。利用生物菌素杀虫剂，具有高效、无毒、无公害，双重的杀虫防治效果，还有致死率高、受环境因素影响小等特点，对鳞翅目害虫的杀虫活性提高1～3个数量级，可广泛用于食用菌害虫防治。

6．互克作用

保护和利用天敌、用堆肥法进行二次发酵、用“益菌克害菌”等，都是生物防治病虫害的重要措施。

第9章　食用菌重金属和农药残留

9.1　有害重金属问题

在食用菌生产的发展过程中，只要蕈菌栽培活动进行一天，各种竞争性或危害性杂菌、病虫害即会侵犯一天，甚至于后期发生越来越频繁。为了获得丰收，一部分菇农必然会使用农药进行灭菌除虫。在使用农药的过程中，特别是使用毒性较大的灭虫农药，容易给食用菌产品带来污染，或给子实体造成农药残留。有机氯、有机磷、有机汞在农药种类中占比例最大，造成急性中毒有3/4以上是由这3类农药引起的。

9.1.1　培养料带来的重金属污染

天然食用菌生长多数利用的是自然界中的有机纤维物质，人工食用菌生长是采用农林下脚料和少量无机盐混合组成的栽培基质。这样一来，若培养基质先天受到污染，就会导致食用菌栽培过程中有害物质代谢积累；另一方面若培养基质本身变质，在其腐败过程中微生物代谢产生的毒素超标，可通过菌丝对基质的分解吸收导致食用菌产品受污染。若基质的成分来自天然无污染的地区，其产品就不易受到污染；若培养基质来自有较多农药残留的农林下脚料，其中某些有害成分，可通过菌丝在分解吸收基质营养时积累到菌丝和子实体中，造成产品连代污染。各种污染因污染源成分和食用菌种类的不同而表现各不相同。

9.1.2　环境带来的重金属污染

食用菌产品原本多出在林木资源丰富的山区、草原以及野地等天然农副产品资源丰富的地方。这些地区具有良好的生态环境，对食用菌产品造成污染的机会很少。但是由于工业“三废”

的不科学排放，农业生产中长期大量施用农药、化肥，这就有了违反科学的行为发生，即造成了对土壤、水源和空气的污染。如果不重视食用菌的各项生产环节和环境，就会对食用菌产品造成一定的重金属污染。

1．土壤带来的污染

在食用菌栽培中，部分种类如粪草类的双孢蘑菇、姬松茸、草菇和平菇，需通过覆土才能出菇，或通过覆土可获得优质外观和高产。在这类食用菌生产过程中，若采用受污染的土壤进行覆土栽培，可能给其产品带来污染。如姬松茸的重金属镉的超标，就与土壤中镉含量较多有关。

2．空气带来的污染

栽培场所上空，除工业废气排放会给食用菌产品带来污染外，食用菌产品烘烤加工过程中使用的煤、油、柴等燃料燃烧后的有害气体，也可能为产品所吸附，造成某些有害成分的超标。如香菇用煤、木炭或木柴为燃料非间接供热烘干，若操作规程不当就会造成二氧化硫含量超标。

3．水质带来的污染

食用菌的生产栽培需要大量供水，某些生产过程和加工流程中也需要用水。在栽培过程中，有的水分直接与食用菌子实体接触，有的水分被菌丝体吸收再输送到子实体中；在加工过程中，有的水分参与子实体加工，融为一体成为产品。因此，受污染的水质在食用菌生产和加工中使用，就可能使食用菌产品受污染，造成有害成分超标，或有害微生物超标。所以，在食用菌生产管理的全过程中的用水必须达到饮用水的水质标准。

9.1.3 有害重金属、化学物质等的危害

1．重金属

重金属对人的机体损害机理是与蛋白质结合成不溶性盐而使蛋白质变性。人和动物体通过饮食吸收和富集大量重金属，其结果必然出现中毒症状，其中以镉、铅、汞最为常见。

(1) 镉

镉是食品中最常见的重金属污染种类之一。镉可以在人体

内蓄积，能引起急性或慢性中毒病。镉对肾脏毒性作用大，有害于发育，可致癌、致畸，已被世界卫生组织列为世界八大公害之一。食用菌产品中镉的来源主要是栽培环境，包括土壤、水源、空气和栽培基质。经分析测定，食用菌培养基中，牛粪中含镉最多，稻草次之，土壤再次之。环境中镉的来源主要有电渡废液，还有金属提炼厂的废气、烟雾及含镉的金属容器。

（2）铅

铅对人体危害涉及神经系统、造血器官和肾脏。铅污染的来源主要有生产环境、含铅农药施用后在基质上的残留。此外，土壤、汽车尾气、水质以及含铅器皿在食用菌加工、贮藏、运输过程中的使用都会带来铅污染。

（3）汞

汞在自然界进入水系后，经过自然生物转化变成神经毒素甲基汞。它可在人体内积聚，人体汞中毒后的典型症状是感觉障碍、视野缩小、运动失调、听力障碍、语言障碍、神智错乱。污染源主要是含汞的农药和含汞工厂的三废排放。

（4）砷

砷对人和动物体有致癌、致畸、致突变的危害。砷的氧化物在人体内因积累量不同而产生急性中毒、慢性中毒现象。砷的污染来源复杂，主要是来自某些杀虫剂和添加剂。在食用菌生产中选用麸皮等原料注意不要混入有砷的成分；在病虫害防治过程中，避免选用含砷的试剂和农药。

2．化学物质

（1）塑料带来的有毒化学物质

食用菌栽培中的菌袋、覆盖塑料膜、包装用的食品袋、腌制品用的包装桶均为塑料制品，这些塑料制品中，均含有以苯酐为原料的邻苯二甲酸辛酯、二异辛酯、二丁酯和二异丁酯。若使用含有以上有毒成分的塑料制品，可释放出有毒气体为菌丝或子实体所吸收而造成污染。

（2）燃料引起的化学污染

在食用菌产品加工中，特别是烘烤加工时，常采用煤、木炭或木柴为燃料。燃料在燃烧过程中，会产生如二氧化硫、萘、木酚、正壬酸等化合物。这些物质若进入子实体，将引起产品对有毒物质的吸附，进而造成污染。

（3）保鲜剂、添加剂带来的化学污染

市场鲜菇出口或内销的产品增加，在远程贮运中，为保持产品的鲜度，常需要保鲜处理。保鲜方法除气调保鲜外，有的采用化学保鲜剂、食品添加剂，如焦亚硫酸钠等会造成子实体硫化物超标。此外，有的食品添加剂本身在添加过程中，会与食品产生特殊生理效应，引起中毒；有的会产生生化反应转化为有毒代谢产物；还有的添加剂本身无害，而其中所含杂质成分却能造成严重污染。

（4）嫌忌成分造成污染

由于操作不当，可能形成嫌忌成分造成对加工产品的污染。一是产品在腌制过程中形成的亚硝酸盐成分和保鲜、漂白加入的亚硫酸盐等；二是食用菌产品在生产过程中于培养基中添加硝酸盐或亚硝酸盐类，进而产生亚硝酸盐；三是覆土栽培材料选用了大量施用硝酸铵的土壤。

3．病原微生物污染

病原微生物污染比较普遍，在食用菌生产、加工、贮运过程中造成有害微生物的污染，都可以叫做病原微生物污染。污染的媒介为水、土壤、空气、操作人员、加工设备、包装物、贮存环境等。常见的有害微生物如沙门氏杆菌、大肠杆菌、肠毒素、肝炎病毒等。因此，针对食用菌产品的有害微生物污染，必须按食品加工质量标准的要求，进行各环节间的卫生标准控制。

4．微生物毒素污染

微生物毒素很普遍，对食用菌产品的污染主要环节有两个方面：一是食用菌产品在加工、贮存过程中受微生物所污染，微生物分泌出毒素到产品中，造成变质性直接污染；二是食用菌栽培基质原材料受微生物污染，或在栽培过程中受到微生物毒素污染，通过食用菌菌丝吸收输送到子实体中而造成污染。以下主要介绍几种霉菌毒索和细菌毒素。

（1）霉菌毒素

①黄曲霉毒素：这是由某些黄曲霉菌株产生的肝毒性代谢物，以黄曲霉毒素B为最常见，毒性也最大。

②小柄曲霉毒素：这是一种致肝癌的毒素，只是毒性较低。

③棕曲霉毒素：棕曲霉的毒性代谢物有A、B、C三种同系物，以A的毒性最大。动物试验表明，其能致肝、肾损害和肠炎。

曲霉类毒素在食用菌栽培中是常见的竞争性杂菌，特别在以麸皮、豆粉、玉米粉等为配合成分的基质中更为常见。对此，选用培养基材料时，应选用新鲜无霉菌的材料。

④青霉素：由青霉属某些种类的霉菌产生的毒素，该毒素可致癌。

⑤镰刀菌毒素：镰刀菌主要分布在土壤中，能污染与土壤接触的有机物，食用菌产品摊晒在地面也可受到镰刀菌的污染。其毒素可导致人体白细胞减少症、皮肤炎症、皮下出血、黄疸、肝损害等。

⑥霉变甘薯毒素：是甘薯被甘薯黑斑病菌和茄病镰刀菌寄生后生理反应产生的次生产物，并非霉菌的代谢产物。主要毒素成分可导致人和畜肺气肿、肝损害。食用菌产品可通过受污染的粮食、土壤等媒介而被污染。

（2）细菌毒素

污染食用菌产品的细菌毒素主要是沙门氏菌毒素和葡萄球菌肠毒素。我国的出口蘑菇罐头，曾出现此菌污染而造成出口大量下降的教训。沙门氏菌毒素可导致人体急性胃肠炎。葡萄球菌肠毒素中毒后2～3小时可发生流涎、恶心、呕吐、痉挛及腹泻等症状。

9.1.4　防止和减少污染的对策

第一，重视食用菌栽培过程中易造成重金属、化学物质等污染的环境因素。在食用菌栽培全过程中，防止重金属、化学物等污染对环境的要求苛刻，具体的环境指标必须满足绿色栽培技术的要求。

第二，形成有效的解决方法。在技术经济指标方面，生产者必须提出防止重金属污染对食用菌栽培原辅料和包装材料的具体要求，否则，不宜进行生产。

第三，制定标准化生产程序。在栽培过程中，根据标准化的栽培要求，形成一个生产食用菌的标准化规程，制定出防止重金属、化学物质污染的具体标准操作程序，并严格执行。

9.2 农药残留

农药残留现象是人类生活中的安全问题。在全球高度重视食品安全的大背景下，发达国家纷纷通过立法制订严格的强制性技术法规。日本政府根据修订后的《食品卫生法》，已正式实施食品中农业化学品残留“肯定列表制度”，对所有农业化学品在食品中的残留提出了指标限量要求，规定了15种禁止使用的农兽药，为797种农兽药及饲料添加剂设定了53862个残留限量标准，对没有设定限量标准的，将执行“一律标准”。“肯定列表制度”与日本现行标准相比，设限数量大幅增加，限量标准比前更加严格。

9.2.1 绿色食用菌生产中化学农药使用的注意事项

1．必须重视农药残留

欧盟、美国、日本等国家对食品安全问题管理十分严格。日本是我国农产品的第一大出口市场，约占我国农产品出口总额的1/3，以日本为主销市场的出口企业占农产品出口企业总数的38%。日本“肯定列表制度”进一步提高了我国食用菌产品出口的技术门槛。如不及时应对将对食用菌产品出口产生严重的影响和制约，削弱食用菌产品的出口竞争力，直接影响到农民增收、农业生产和农产品的加工增效。现在，我们要积极应对，帮助生产者及时调整技术，以促使生产出绿色食用菌产品。

2．禁用的化学农药

绿色食品生产中禁止使用的化学农药有五类：一是高毒、剧毒农药，如对硫磷、氧化乐果、灭多威等；二是高残留、高生物富集性农药，如六六六、DDT等；三是致崎、致癌、致突变农药，如二氯丙烷、三溴乙烷等；四是有各种慢性毒性作用的农药，如杀虫脒等；五是含有禁用化学成分的农药，如三氯杀螨醇等。

3．允许限量使用的化学农药

在A级绿色食品的生产过程中，允许使用中、低毒性的化学农药。为了保证绿色食品的安全性和防止病虫产生抗药性，即便是允许使用的化学农药，每个生长季节只允许使用一次，而且要严格控制使用浓度和安全间隔期。允许使用的杀虫剂有乐果、杀螟松、辛硫磷、氯氰菊酯、溴氰菊酯等；杀螨剂有双甲脒、尼索朗、克螨特等；杀菌剂有百菌清、扑海因、粉锈宁等。但在使用浓度上要低于正常浓度或为正常浓度的下限，安全间隔期要长于正常的安全间隔期。例如通常用50%的辛硫磷乳油1000倍喷雾防治菇类害虫，而生产绿色食品则要求1500～2000倍；使用百菌清的安全间隔期一般20天，绿色食品则要求至少30天。此外，矿物农药中的硫制剂、铜制剂，如石硫合剂、波尔多液等，在绿色食品的生产中均可使用。

9.2.2 农药残留的限量措施

在食用菌生产中，绿色产品应从整体生态系统着手，综合应用各种防治病害、虫害的措施，创造不利于病害、虫害滋生和有利于各类病虫害天敌如有益菌类繁衍的环境条件，全面保护农业生态系统和生物的多样化，尽可能减少化学农药的使用。如何使绿色食用菌生产原料中无农药残留，或农药残留量极微对菇类产品的影响不明显，是一个绿色食用菌生产的质量问题。

9.3 绿色食用菌产品的安全标准

9.3.1 食用菌必须达到绿色食品质量标准

绿色食品的产品标准是参照国际标准、国家标准、部门标准、行业标准制定的，通常是高于或等同于现行标准，一般还增加了检测项目。AA级绿色食品的产品标准，要求在产品中不得检出化学合成农药及合成的食品添加剂，其他指标应达到A级绿色食品产品安全标准。绿色食品产品行业标准包括了“质量标准”和“卫生标准”两部分，其中“卫生标准”包括农药残留、有害重金属污染和有害微生物污染。企业自身制定的产品质量标准应严于国家现行标准。“绿色”不是一张普通的证件，它是产品在世界贸易市场中顺利通过国际权威机构认证的通行证。可见，发展安全无污染的绿色食用菌产品，不仅是我国人民生活健康的需要，也是国际贸易中必须通过的重要屏障。

9.3.2 食用菌生产要严于国家标准

对于食品中重金属和农药残留问题，国家质量技术监督局、商业部、农牧渔业部和卫生部都很重视，对有些指标已作了规定，颁发了《农药安全使用规定》和《农药安全使用标准》。在绿色食用菌生产中使用农药时要保证重金属和农药残留量不超标。

9.3.3 严格执行重金属和农药残留最高限量指标

重金属和农药残留在食用菌生产中绝不可忽视，在基本限量标准中必须有强制性。为便于执行绿色食品标准、加强质量的管理、提高产品经济效益，将标准中涉及的主要重金属和农药残留限量在这里作以提示，请生产者参照如下附表要求进行。

重金属和农药残留最高限量标准（单位：mg/kg） 表 9-1

项目	中国标准限量值	CAC 限量值	日本限量值
砷	食用菌≤ 0.5（鲜）	—	≤ 1.0
汞	食用菌≤ 0.1（鲜）	—	
铅	食用菌≤ 1.0（鲜）	—	—
镉	蔬菜≤ 0.05（包括食用菌）	≤ 0.05	—
二氧化硫	蘑菇≤ 50	—	—
六六六	食用菌≤ 0.2（干）、≤ 0.1（鲜）	—	≤ 0.2
滴滴涕	食用菌≤ 0.1（干）、≤ 0.1（鲜）	—	≤ 0.2
多菌灵	蔬菜≤ 0.5（包括食用菌）	食用菌≤ 1.0	—
敌敌畏	蔬菜≤ 0.2（包括食用菌）	蘑菇≤ 0.5	香菇≤ 0.1
乐果	蔬菜≤ 1.0（包括食用菌）	—	≤ 1.0
氯氰菊酯	蔬菜≤ 0.2（包括食用菌）	蘑菇≤ 0.05	蘑菇≤ 0.05
天蝇胺		蘑菇≤ 5	—
毒死蜱		蘑菇≤ 0.05	香菇≤ 0.01
甲醛毒死蜱		蘑菇≤ 0.01	—
溴氰菊酯		蘑菇≤ 0.01	香菇≤ 0.2
除虫豚		蘑菇≤ 0.1	—
烯虫酯		蘑菇≤ 0.2	—
氯菌酯		蘑菇≤ 0.1	香菇≤ 3.0
甲基嘧啶磷		蘑菇≤ 5	香菇≤ 1.0
味鲜胺		蘑菇≤ 2	—
甲基硫菌灵		蘑菇≤ 1	—

第10章　食用菌产品的加工、贮存与运输

在食用菌生产的环节中，产品加工贮存与运输是食用菌基本生产中的最后一个环节，也是产品后续工作中的产业链功能的最大完善。

10.1　加工与包装

采摘后的新鲜食用菌，常温下易腐烂变质，在包装和运输过程中容易破损或间接污染，从而降低质量、造成损失。在生产场所或销售旺季要收购食用菌产品开展鲜销，在炎热的季节要收集加工食用菌产品运往外地，这就要求生产者或商务人员必须作好保鲜和贮藏的工作。同时，随着人们生活节奏的加快和生活质量的提高，方便、干净、小包装的鲜菇产品深受消费者欢迎，已成为市场销售的一个发展亮点。现从绿色食品的要求出发，将食用菌产品的保鲜、加工及贮存、运输等技术要点介绍如下。

10.1.1　鲜菇加工应置于低温环境

鲜菇一经采收，须整齐排放在小型矮装容器内，并尽快送往低温车间进行整理。容器体积形状似周转箱，底部实板，四周预设直径约2～3cm的圆孔，底下四角均有内缩插接角块，以便于多层堆码。鲜菇采收时应顺头排放，不使头尾相接，以免造成污染。低温车间内温度应控制在1～3℃，可将普通恒温冷库改造后利用，连同其他包装容器均存放于车间内，以使其彻底降温。鲜菇装箱后搬入车间要分开摆放，不得高层堆码，以便于菇体充分

降温。该环节非同小可，对于气温高于15℃时采收的鲜菇尤为重要。

10.1.2　加工设备及方法

整理工具用薄不锈钢刀或竹片刀，以及小包装封口、打箱等设备。方法是先用小刀将鲜菇基部削净，去掉泥土和基料等杂物，鳞片多时也一并除去。一般不得用水洗，否则将缩短产品货架寿命。

10.1.3　分装与包装

1．分装

待菇体内部降温至3℃以下时即可分装。小包装可定制纸质盒。鸡腿菇一般适宜采用长16cm×宽10cm×高4cm的包装规格；姬松茸适宜长15cm×宽10cm×高6cm的规格；真姬菇、杨树菇等适宜长16cm×宽8cm×高4cm的规格。根据鲜菇形态及包装规格大小确定排放方式，然后封包保鲜膜。将小包装盒再装入泡沫保鲜箱内，每箱可装36盒，透明胶带封口即可。

2．包装密封

食用菌干品的包装是贮存的基本条件，要求包装材料干燥、封口严密、耐压、防潮、隔湿，使干品避免受外界环境的影响。食品塑料薄膜袋采用抽气密封包装，外用木箱或多层瓦楞纸箱包装，箱外接缝处用胶带纸封严。对价值昂贵的食用菌干品可采用马口铁箱，内衬防潮纸，封口用焊接或胶密封的方法，以保持较长时间的贮存。

3．包装质量与标志要求

用于产品包装的容器如箱、筐等应按需求设计，同一规格应大小一致，符合牢固、整洁、干燥、透气、无污染、无异味的要求，内壁无尖突物，无虫蛀、腐烂、霉变。产品包装时应做到以下几点：

①按产品的品种、规格分别包装，包装内的产品应摆放整齐紧密。

②每批产品所用的包装、单位质量应一致，每件包装净含量不应超过10kg。

③包装检验时应逐件称量抽取的样品，每件的净含量应与包装标志明示的净含量一致。

10.2　常用保鲜贮藏法

10.2.1　冷藏法

温度是影响食用菌产品呼吸作用的最主要因素。在5～30℃内，温度每上升10℃，呼吸强度即增大3倍，结果使得环境温度升得更高。但冷藏温度也不宜过低，通常控制在0～8℃之间。用冰冷却降温在生产上最常采用，将食盐或氯化钙加入冰中，把冰放置在被贮藏的食用菌的上方。

10.2.2　气调贮藏法

原理是降低氧气浓度，增加二氧化碳浓度，从而抑制呼吸作用。氧气浓度低于1%，可抑制食用菌的边缘开伞，而浓度在5%时刺激开伞；高浓度的二氧化碳能抑制开伞，但浓度太高又会促使食用菌无氧呼吸，产生毒害。那么在保鲜中，一是要将食用菌产品放入在有一定透明度的容器内，让其自然降氧；二是要充入二氧化碳和氮气，实施人工降氧。

10.2.3　辐射保鲜法

应用Co^{60}或Pd^{137}放出的γ射线为放射源，对食用菌进行辐射处理，可使其体内的水和其他物质发生电离，产生游离基或离子，能有效地抑制菌褶开伞，延缓菌体的变色过程，杀死或抑制腐败微生物和病原物的活动，从而起到保鲜作用。但此法在偏僻农村难以进行。

10.3　常见加工方法

10.3.1　干制加工法

食用菌产品干制加工过程，就是食用菌子实体内所含水分的蒸发过程，即水分子吸收能量从液态变为气态到消失。可采用自然干燥或人工干燥的方法。

1．人工干制

食用菌的人工干制需采取人工对流干燥，所需热量是通过人为干气流和加热干气流的连续或间歇接触而获得。将鲜菇放在烘箱、烘笼或烘房中，用电、炭火或远红外线加热干燥，温度保持在50～65℃，控制温度上下波动不要大于5℃。如采用烘房烘干时，应每隔3小时打开进出气孔通风排湿，时间以10～15分钟为宜。食用菌与干热空气接触时，表面水分向外界环境散发，从内到外形成一个水分含量的梯度，梯度差越大，水分向外移动越快，反之越慢，直到内外含水量一致时，水分的运动才停止。烘干后，食用菌产品需装袋密封贮藏。

2．自然晾晒

晒干是一种传统干制方法，将鲜菇、耳类等产品薄薄地摊在苇度或竹帘上，放在太阳下曝晒至干，晒干后装入塑料袋中，迅速密封后即可贮藏。

10.3.2 腌制加工法

将菇类产品放入高浓度的食盐浓液中，食盐产生的高渗透压使得食用菌体内外所携带的微生物处于生理干燥状态，原生质收缩，这些微生物虽然未被杀死，但也不能活动，保证食用菌久藏不腐。蘑菇、平菇、滑菇、猴头菇主要采用腌制加工法。

1．精选原菇

清除杂质，去掉生霉和被病虫危害的子实体。蘑菇要切除菇基部；平菇应把成丛的逐个分开，并将柄基老化部分剪去；滑菇要剪去硬根。

2．预煮

将食用菌浸入5%～10%的精盐水中，用锅煮沸5～7分钟，杀死细胞组织，捞出后滤干水分。

3．盐渍

按50kg食用菌产品添加食用盐12.5～15kg的比例，先在缸底放一层盐，加一层预煮后的食用菌，接着放入盐，再放入食用菌类产品，如此反复，达到缸满为止。然后，向缸内倒入煮沸后冷却的饱和食盐水，在食用菌产品上加盖加压，使其完全浸在盐水中，使饱和盐水的pH达3.5左右。

4．管理

缸中应插入1根橡皮管，每天打气2～3次，使盐水上下循环，10天翻缸1次，20天即可腌好。

5．装桶

食用菌产品腌渍好后，可装桶存放，桶要装满，并加饱和食盐水，同时调整pH到3.5。

10.3.3　罐藏加工法

所有的食用菌产品都可加工成罐头。将食用菌产品的子实体密封在容器里，经高温处理后，将其中绝大多数有害微生物灭掉，同时防止外界微生物入侵，以使食用菌产品可在室温条件下长期保存。

1．容器的选择

马口铁罐、玻璃瓶罐、软罐等，都可根据生产工艺和市场需求选作容器。

2．原料菇选择与处理

要求产品新鲜、无病虫害、色泽正常，菌伞完整。菌柄要切削平整，柄长不超过0.8cm。

3．菇体护色漂洗

将选好的食用菌倒入0.03%的硫代硫酸钠溶液中，洗去泥砂、去除杂质，捞出后用流水漂洗干净，防止装罐后变质。后再倒入加有0.1%维生素C、维生素E的0.1%的硫代硫酸钠液。

4．加热煮沸

先在容器内放入自来水，加热至80℃，加入0.1%的柠檬酸，煮沸，将食用菌倒入沸水中预煮8～10分钟，不断清除去上浮的泡沫。

5．分级与装罐

食用菌预煮后放在冷水中冷却。每罐不可装得太满，距盖留8～10mm的空隙，通常500g的空罐，应加入食用菌产品240～250g，注入汤汁180～185g。汤汁配方：清水97.5kg，精盐2.5kg，柠檬酸50克，加热90℃以上，用纱布过滤。注入汤汁时温度不低于70℃。

6．排气封罐

最常用的方法是加热排气，即将罐头置于86～90℃容器中加热8~15分钟，排除罐内空气。封罐，目前普遍使用双滚压缝线封罐机。

7．高压灭菌

罐藏通常采用高压蒸气灭菌。不同食用菌和不同的罐号灭菌的温度不同。如蘑菇罐头灭菌温度为113~121℃、时间15~60分钟，而草菇罐头灭菌需要130℃。

8．冷却与打印包装

灭过菌的罐头要立即放入冷水中迅速冷却，温度降得越快越好。经检查安全标准合格的罐头要在盖上打印标记，尽快包装贮藏。包装上应明确标明绿色食品标志。

10.4 贮存与运输要求

10.4.1 贮存要求

在商品入库前，要对库房、设备或器具等进行一次严格消毒。坚决杜绝已经发生霉腐或含水量过高、有霉腐危险性的商品入库；可用硫黄燃烧熏蒸消毒，或用气雾消毒剂消毒，严禁用甲醛灭菌。贮存过程中应轻搬轻放，切忌乱摔、乱堆码，以2~2.5m高为宜。垛顶距天花板不少于80cm，垛堆距墙壁30cm。并留有空隙和通道，垛底可垫防潮隔板，以利通风防潮。

10.4.2 贮存环境

食用菌干品必须在避光、阴凉、干燥、洁净处贮存，注意防潮、防霉、防虫。严格控制空气相对湿度在50%~70%。新鲜食用菌在1~10℃可贮存1至数天。

10.4.3 运输要求

运输工具要清洁、卫生，无污染物、无杂物。运输时不得与有毒、有害、有异味的物品以及鲜活动物混装混运。

运输过程中要防雨淋、防日晒，不可裸露运输。运输时轻装、轻卸，避免机械损伤。运输鲜品食用菌的过程中，要采用冰块或冷藏车降温。